EXPERIMENTS IN PHYSICS

물리학실험

염 효 영 저

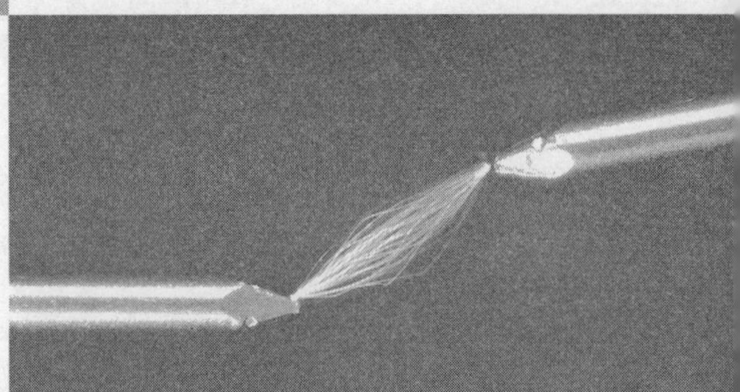

도서출판 상 학 당

머리말

이 책은 대학에서 이공계 1학년 학생들의 물리학실험 교재를 위해 쓴 것이고, 이공계 1학년 학생들이 물리학실험의 수업 목적을 이루는 데 필요한 것들과 방법을 제시하는 데 중점을 두고 만들었다.

대학에서 수업을 하는 물리학실험은 우리가 모르는 어떤 새로운 것들을 찾거나 발견하려는 목적으로 수업하지는 않는다. 이미 정확히 알려진 것들을 실험을 통해서 확인하고 무엇인가 다른 결과를 얻었을 때 어디에 문제가 있는지를 찾고 해결하면서 문제 해결 능력을 키우는 데 중점을 두고 있다. 즉 물리학실험은 실험 수업을 통해서 생각하는 방법을 공부하고 훈련하는데 그 목적을 두고 있다.

이 책은 1장에서 6장까지 역학과 물성을 실험하는 부분과 7장에서 15장까지 전기, 전자실험으로 크게 두 부분으로 나누었다. 역학과 물성실험은 물리학에서 역학 등 부분의 기초적인 현상들을 실험을 통해서 공부하고 전기 전자실험 부분은 트랜지스터와 측정기기 사용법 등 디지털시대에 꼭 필요한 기본 개념과 원리를 이해할 수 있도록 작성했다. 마지막 15장에서는 마이크로 컨트롤러를 이용해서 간단한 측정장치를 만들고 이것을 이용해서 측정실험을 하도록 방법을 제시했다.

이 교재를 만들 수 있도록 많은 아이디어와 조언을 주신 청주대학교 염태호 교수님께 감사드린다. 또한 책 출판에 힘써 주신 상학당의 남승우 사장님과 직원분들께 감사드린다.

2022년 1월 저자씀

차 례

Chapter

01

측정(길이와 곡률 반지름)

1-1 실험의 목적과 개요

길이는 공간상에서 크기를 표시하는 물리량으로 매우 중요한 기본 물리량이다. 길이는 매우 짧은 원자핵의 크기인 10^{-15} m에서 지구로부터 은하계까지의 거리인 10^{16} m 이상으로 우리가 상상하기 어려운 매우 먼 거리까지 다양하다.

측정하려는 길이에 따라 적절한 측정 방법을 선택해야 하는데 〈표 1.1〉에 길이에 따른 측정 방법과 그 크기를 기록했다.

이 실험에서 측정하려는 길이는 cm와 mm 정도의 물체는 버니어 캘리퍼(vernier caliper)와 마이크로미터(micrometer) 등을 사용하여 측정한다. 측정 대상으로 특별히 고안된 금속 원통을 이용하며, 원통의 내경, 외경, 깊이, 높이 등을 측정한다.

〈표 1.1〉 길이에 따른 측정방법과 그 크기

길이(m)	측정방법	크 기
10^{-15}	전자의 회절	원자핵의 크기
10^{-8}	전자현미경	분자의 크기
10^{-6}	광학현미경	
$10^{-6} \sim 10^{-8}$	간섭계	미세한 거리의 변화
10^{-5}	마이크로미터	일상생활에서 쓰이는 물체의 크기
10^{-4}	버니어 캘리퍼	〃
10^{0}	자	〃
10^{3}	망원경 측정기	근거리 지상 물체의 거리
$10^{2} \sim 10^{5}$	초음파 탐지기	해면상의 선박간 거리
$10^{5} \sim 10^{14}$	초단파 - 마이크로파 - 레이저	원거리의 물체, 태양계 내의 거리
10^{16} 이상	빛의 전파시간 측정	은하계, 항성간의 거리

이런 과정을 통해 유효숫자의 처리, 표준편차의 계산, 측정된 물리량의 의미에 대해 이해한다. 또한 면도날 두께, 종이 두께, 머리카락 두께 등 1 mm 이하의 짧은 길이는 마이크로미터를 이용해서 측정한다.

일반적으로 직접 만질 수 있는 물체를 제외하면 직접 길이를 측정할 수 없다. 예를 들면 지구의 반지름, 지구에서 달까지의 거리, 원자핵의 크기 등의 측정이다.

곡률반경은 오목 또는 볼록 렌즈같이 표면이 휘어진 물체에 대해 그 휘어진 정도를 표현한 값이다. 곡률반경은 직접 자를 사용하여 측정할 수 없고 곡률을 측정을 위해서는 구면계(spherometer)를 이용하여 간접적으로 측정한다.

먼저 곡률반경을 측정하는 방법으로 어떤 방법이 있을지 생각해보자. 그리고 구면계를 보고 그 원리를 이해고 우리가 생각했던 방법과 어떤 차이가 있었는지 이야기하자. 구면계에서는 곡률 반지름을 측정하기 위해 무엇을 측정하는지 살펴보자.

주어진 오목 및 볼록 렌즈의 곡면에 따른 높이 차이를 측정하고 곡률 반지름을 계산한다.

곡률을 측정하기 위해 측정한 측정량의 오차가 곡률 반지름의 오차에 어떻게 영향을 미치는가를 생각하고 이야기한다. 측정된 곡률 반지름과 직관적으로 느끼는 곡률 반지름의 크기를 비교해서 직관적으로 느끼는 물리량의 크기와 비교한다.

1-2 원 리

일반적으로 자를 사용하여 물체의 길이를 측정할 때, 측정하려는 물체의 한쪽을 자의 0점과 맞추고 다른 한쪽 끝이 자와 눈금을 읽어서 물체길이를 측정한다. 그러나 자를 읽는 쪽 물체의 끝이 정확하게 자의 눈금과 일치하는 경우는 드물고 눈금 사이의 위치에 물체의 끝이 만나는 경우가 대부분이다.

이런 경우에 자의 눈금 사이를 눈어림으로 읽게 되는데, 눈금 사이를 좀 더 정확하게 읽기 위해 자(주척)에 부척(vernier)을 달아 사용한다. 이렇게 만든 자가 버니어 캘리퍼다.

부척은 길이의 측정뿐만 아니라 각도 측정 등에도 사용하며, 측정 원리는 같다.

1. 버니어 캘리퍼

버니어 캘리퍼는 캘리퍼에 버니어가 달린 장치를 말하는데 캘리퍼는 길이를 측정하는 자를 의미하고 버니어는 앞에서 설명한 부척을 의미한다. 일반적으로 버니어는 자의 최소 눈금(1 mm)을 1/20까지 읽을 수 있도록 만든다. 그래서 이 경우에 측정할 수 있는 최소눈금은 1/20 mm, 즉 0.05 mm 가 된다.

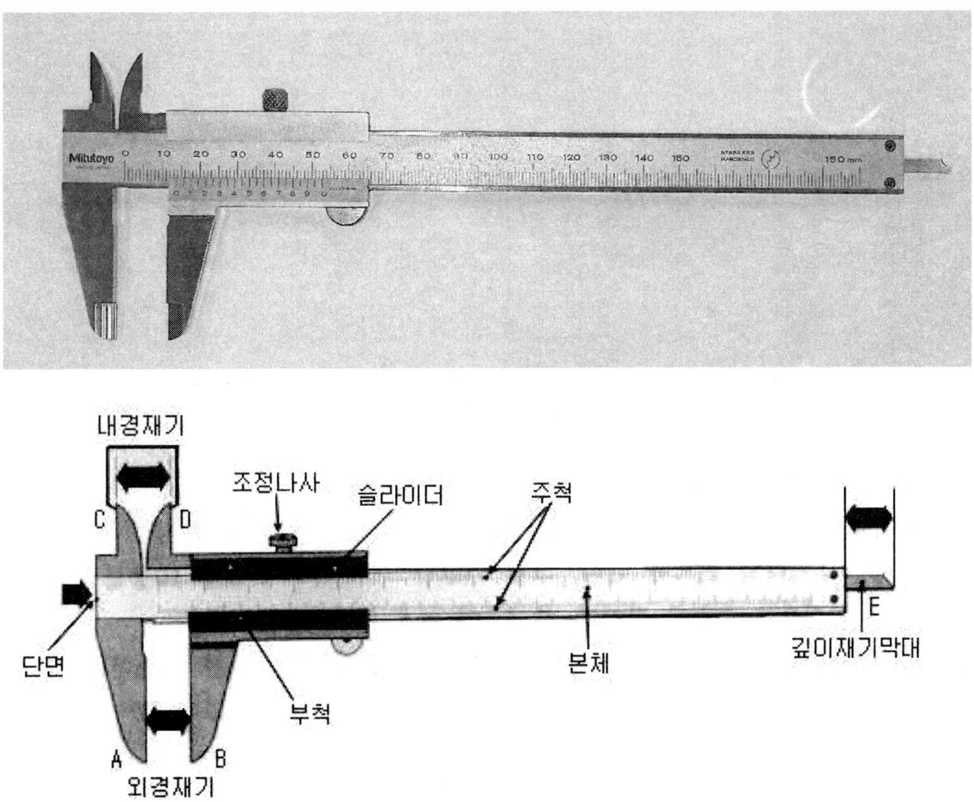

[그림 1.1] 버니어 캘리퍼

버니어 캘리퍼의 구조는 [그림 1.1]과 같다. 주척과 부척에는 내경 또는 외경을 측정하는 측정용 발이 각각 하나씩 달려 있어 이 발을 이용해서 측정한다. 주척의 눈금 하나의 길이는 1 mm이며, 부척의 눈금은 20개 있다.

[그림 1.1]에서 버니어 캘리퍼의 측정용 발 A, C는 주척에 붙어 있고 B, D E는 부척에 붙어있다. 또한 주척은 고정되어 있고 부척만 이동이 되므로 측정용 발 B, D, E가 이동하며 측정을 하게 된다. 부척의 이동에 따라 AB와 CD 사이의 간격과 E의 길이는 항상 같게 되며, 측정하려는 길이는 부척의 눈금이 가리키는 주척의 길이와 같다. 버니어 캘리퍼의 AB로는 외경을, CD로는 내경을, E로는 깊이를 측정하는 데 사용한다.

버니어 캘리퍼에 디지털 눈금을 읽어 표시하는 장치가 달린 디지털 버니어 캘리퍼도 있다. [그림 1.2] 디지털 버니어 캘리퍼는 부척을 0으로 밀어 넣고 디지털 장치의 0점 버튼을 누른 후 사용한다.

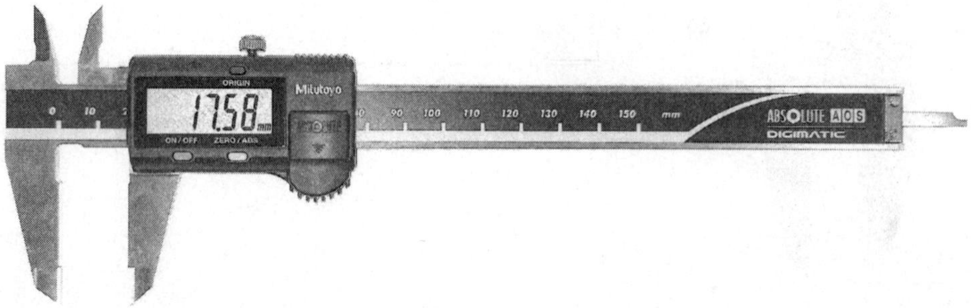

[그림 1.2] 디지털 버니어 캘리퍼

2. 마이크로미터

마이크로미터(Micrometer)도 디지털 마이크로미터와 일반 수동 마이크로미터가 있다. 마이크로미터는 [그림 1.3]과 같이 나사를 한 바퀴 회전할 때마다 길이가 0.5 mm씩 이동하도록 피치가 매우 작은 나사 위에 50개의 눈금을 그려 놓았다.

한 바퀴에 50개의 눈금이 있고 한 바퀴가 회전하면 0.5 mm가 이동하므로 회전 나사의 둘레에 있는 눈금 하나는 0.01 mm가 된다. 즉 1개 눈금이 회전할 때마다 나사는 1/100 mm 이동한다.

[그림 1.3]에서 모루는 고정되어 있고, 스핀들은 회전 나사를 돌리면 앞뒤로 이동하게 되어 있다.

모루와 스핀들 사이의 간격을 측정해서 이 사이에 측정하려는 시료를 넣으면 된다. 마이크로미터는 회전 나사 손잡이를 돌려서 측정하는데 마이크로미터 구조상 작은 회전력이라도 스핀들 이동에는 커다란 힘이 작용하여 측정시료를 변형시켜 측정오차가 커지는 문제가 있다. 이를 해결하기 위해 회전 나사 손잡이 뒤에 돌림나사를 만들어서 일정 힘 이상이 걸리면 스핀들을 더 이상 밀지 않고, 겉돌게 만들어서 측정시료의 변형과 측정오차를 막도록 했다.

측정 전에 모루와 스핀들이 서로 닿도록 돌림나사를 조정하고 회전 나사의 눈금 0이 마이크로미터 몸통에 그려진 눈금의 0과 일치하도록 0점을 보정한다.

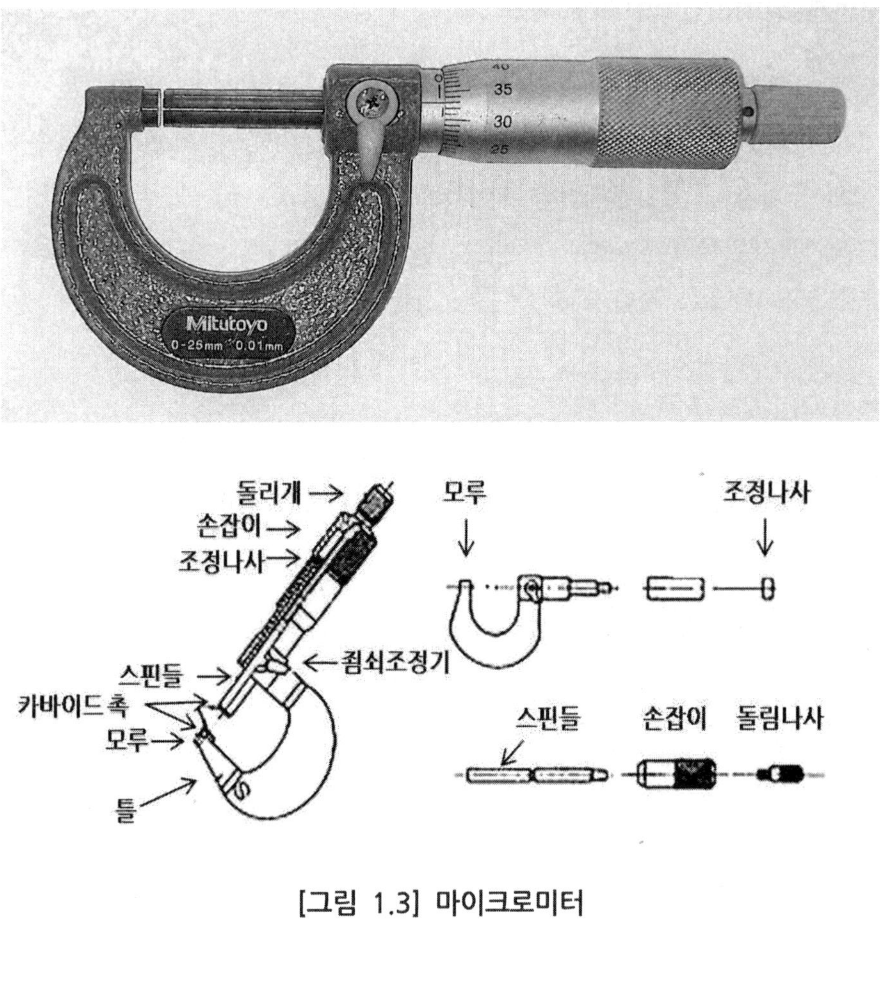

[그림 1.3] 마이크로미터

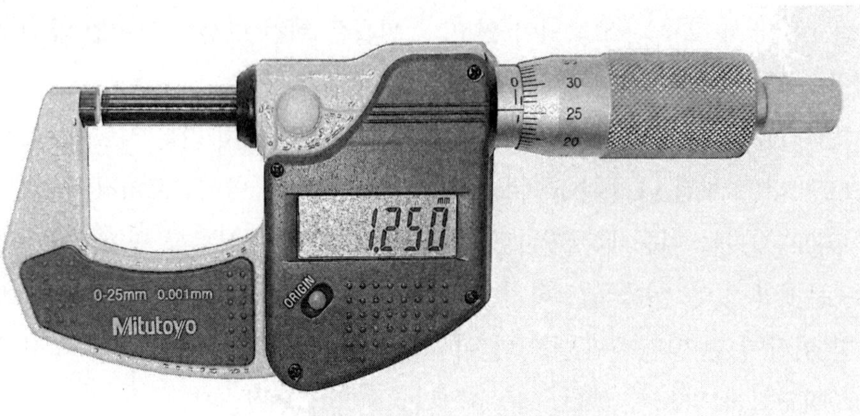

[그림 1.4] 디지털 마이크로미터

3. 구면계(Spherometer)

[그림 1.6]에서 곡률반경 R 인 원에 내접하는 삼각형 ABC를 생각하고, 그 평면에서 점 D까지의 수직거리(DE)를 h라고 하고, 삼각형 ABC의 한 변의 길이를 a, 삼각형 ABC와 외접하는 원의 반지름을 r 이라고 할 때, $DE = h$, $EF = 2R-h$이고 삼각형 AFD는 직각삼각형이 된다.

따라서 식은 다음과 같다.

$$r^2 = h\,(2\,R - h) \tag{1}$$

또한 삼각형 AEH에서 $AH = a/2$, $EH = r/2$, $AE = r$ 이므로 식은 다음과 같다.

$$\left(\frac{a}{2}\right)^2 + \left(\frac{r}{2}\right)^2 = r^2, \quad r^2 = \frac{a^2}{3} \tag{2}$$

식 (1)에 식 (2)에 대입하면 곡률반경 R은 다음과 같이 쓸 수 있다.

$$\frac{a^2}{3} = 2hR - h^2 \tag{3}$$

$$R = \frac{r^2}{2h} + \frac{1}{2}h \qquad (4)$$

따라서 h와 r을 측정해서 식(4)에 대입하면 곡률반경 R을 구할 수 있다.

[그림 1.5] 구면계

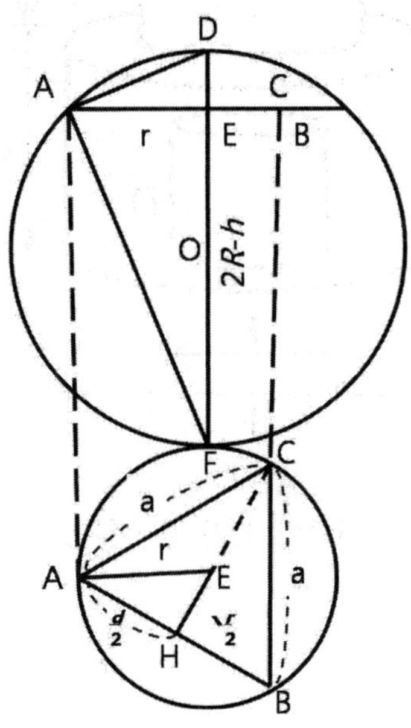

[그림 1.6] 곡률 반지름 R을 구하기 위한 기하학적 도해

1-3 실험장치

① 버니어 캘리퍼

② 마이크로미터

③ 시료 : 금속원통 [그림 1.7], 침핀, 면도날

④ 구면계

⑤ 평면 유리판

⑥ 오목렌즈, 볼록렌즈

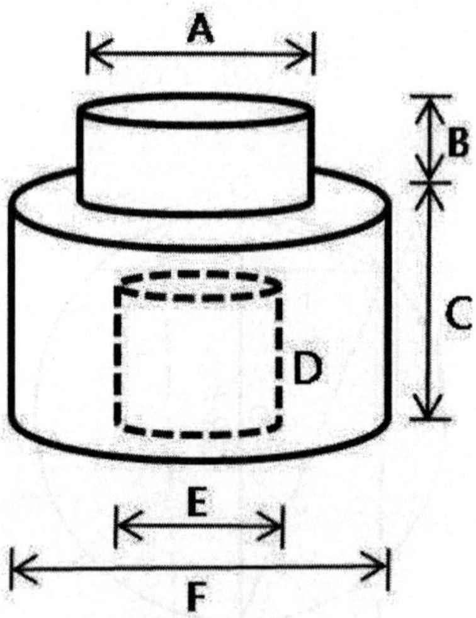

[그림 1.7] 금속원통

1-4 실험방법

1. 버니어 캘리퍼

① 버니어 캘리퍼가 어떻게 동작하는지 자세히 관찰하고 동작 원리를 기록한다.

② 버니어 캘리퍼로 1 mm, 5 mm, 5.05 mm, 5.20 mm, 5.75 mm, 5.90 mm를 만들어본다.

③ 버니어 캘리퍼로 금속원통의 각 부분을 (A～F) 10회씩 측정하여 표에 기록하고 평균과 편차를 구한다.

④ 금속원통의 각 부분에 대한 측정결과로 금속원통의 체적을 계산하고 체적의 편차도 계산한다.

2. 마아크로미터

① 마이크로미터가 어떻게 동작하는지 자세히 관찰하고 동작원리를 기록한다.

② 마이크로미터의 잠금장치를 해제하고 모루와 스핀들 사이에 아무것도 끼우지 않고 돌리개 또는 돌림나사를 천천히 돌려 모루와 스핀들이 접촉되도록 한다. 모루와 스핀들이 접촉되면 돌리개에서 따라락 소리가 나며 미끄러진다. 이때를 영점으로 10회 반복 측정해서 영점의 평균을 구하고 기록한다.

③ 마이크로미터의 모루와 스핀들 사이에 종이가 들어갈 수 있도록 돌리개를 푼 후 모루와 스핀들 사이에 종이를 넣고 돌리개가 미끄러질 때까지 돌리고 측정값을 읽어서 기록한다.

④ 종이의 두께를 과정 ③을 반복하여 10회 측정하고 측정값에서 0점을 보정한 값을 종이 두께로 한다. 각각의 측정결과에서 평균을 구하고 편차를 구한다.

⑤ 자신의 머리카락과 면도날, 침핀 등 다른 시료도 측정하고 기록한다.

3. 곡률반경 측정

구면계는 곡률 반지름을 계산하는데 필요한 h를 측정할 수 있도록 고안된 장치다. [그림 5] 구면계의 원형 눈금이 있는 손잡이를 돌리면 가운데 부분이 돌리는 방향에 따라서 내려가거나 올라간다.

① 구면계를 평면에 놓고 3개의 발과 가운데 발 모두 한 평면에 오도록 손잡이를 돌려서 조정하고 0점 위치를 확인한다. 이때 0점 높이가 얼마인지도 확인하고 기록한다.

② 곡률을 측정하려고 하는 렌즈의 위에 놓고 원 눈금이 한 바퀴 이상 돌았는지 확인하고, 원 눈금은 얼마나 돌았는지 측정하여 수평과 높이 차이를 표에 기록한다.

③ 구면의 높이를 각각 10회 측정하고 기록한다.

④ 버니어 캘리퍼를 이용하여 구면계의 발 사이의 거리 a를 10회 측정한다.

⑤ 측정한 결과를 이용해서 렌즈의 곡률 반지름 R을 구한다.

예비보고서

실험제목 : 측정(길이와 곡률 반지름)

실험일시		학 과		담당교수	
제출자	학 번	이 름	실 험 조	공동실험자	

1. 실험의 목적과 개요

2. 실험의 원리

3. 실험장치

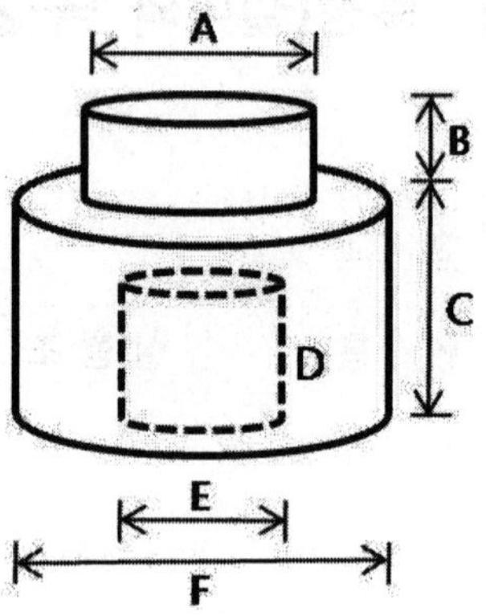

[체적 측정용 금속 원통]

4. 실험방법

결과보고서

실험제목 : 측정(길이와 곡률 반지름)

실험일시		학 과		담당교수	
제출자	학 번	이 름	실 험 조	공동실험자	

1. 실험 결과 및 분석

1) 금속 원통의 체적

횟 수	A (mm)	B (mm)	C (mm)	D (mm)	E (mm)	F (mm)
1						
2						
3						
4						
5						
6						
7						
8						
9						
10						
평 균						
표준편차						

2) 체적계산

3) 침핀 및 면도날의 두께

횟 수	마이크로미터					
	1	2	3	4	5	평균
0점						
침핀 (mm)						
면도날 (mm)						

횟 수	버니어 캘리퍼					
	1	2	3	4	5	평균
0점						
침핀 (mm)						
면도날 (mm)						

4) 측정결과

5) 곡률 반지름 측정

횟 수	볼록 h_1(mm)	오목 h_2(mm)	a(mm)
1			
2			
3			
4			
5			
6			
7			
8			
9			
10			
평균			
표준편차			

6) 곡률 반지름

2. 결 론

Chapter 02

뉴턴의 제2법칙 - 등가속운동

2-1 실험의 목적과 개요

2-2 원 리

2-3 실험장치

2-4 실험방법

2-5 분 석

2-1 실험의 목적과 개요

여러 힘이 한 물체에 동시에 작용한다. 그러한 경우에 중요한 것은 알짜 힘 또는 작용하는 모든 힘의 벡터 합이다.

어떤 알짜 힘이 물체에 작용하지 않으면 그 물체의 속도는 변하지 않는다는 것이 뉴턴의 제1법칙이다.

제2법칙은 알짜 힘이 물체에 작용할 때 무슨 일이 일어나는지를 다룬다. 뉴턴의 제2법칙은 가속도가 물체에 작용한 알짜 힘에 비례하고 알짜 힘과 같은 방향에 있다고 말한다. 또한 가속도가 질량에 반비례한다고도 말한다. 만약 물체의 질량이 증가하고 알짜 힘이 일정하다면, 그 물체의 가속도는 감소한다. 이 실험의 목적은 물체에 작용한 알짜 힘이 일정하나 질량이 변할 때 물체의 가속도에 어떤 일이 일어나는지 결정하는 것이다.

2-2 원 리

1. 등속운동

등속운동은 속도가 일정한 운동으로 운동이 일어나기 위해서는 힘이 필요하다. 또한 힘이 가해지는 동안에는 가속도가 존재해서 등속운동이 아니다. 등속운동은 마찰 등 운동상태를 변화시킬 수 있는 어떤 힘도 존재하지 않는 상태에서만 가능하다.

마찰이 없는 표면 위에서 정지한 물체에 힘을 가해 물체가 일정 속도가 될 때까지만 힘을 가하면 그 물체는 등속운동을 하게 된다.

시간 $t_0, t_1, t_2, ..., t_i$ 일 때, 물체의 위치를 $s_0, s_1, s_2, ..., s_i$ 라고 하고, 각 시간에 따른 위치를 측정하면 어떤 시간 간격 동안 물체가 이동한 평균 속도를 구할 수 있다. 예로 시간 t_0에서 t_1까지 물체는 s_0에서 s_1까지 이동하였다면, 이 시간 동안 물체가 이동한 평균 속도 v는 다음과 같다.

$$v = \frac{s_1 - s_0}{t_1 - t_0} \tag{1}$$

등속운동이므로 어느 시간 구간에서나 시간에 따른 위치의 변화는 일정하고, 그 속도는 식 (1)의 v 와 같다.

2. 등가속운동

등가속운동은 가속도가 일정한 운동이다. 가속도가 일정하다는 것은 시간에 따른 속도의 변화가 일정하다는 것으로 속동의 증가율 또는 감소율이 일정한 운동이다. 물체의 가속도가 있으려면 물체의 운동상태가 변해야 하며 운동상태는 힘에 의해서만 바뀐다. 따라서 등가속운동은 일정한 힘이 물체에 지속해서 작용해야 가능하다.

물체에 일정한 힘을 가해서 가속도가 일정하다면, 어느 시간 구간에서나 시간에 따른 속도의 변화는 일정하다. 시간 $t_0, t_1, t_2, ..., t_i$일 때 물체의 속도가 $v_0, v_1, v_2, ..., v_i$ 라면 식은 다음과 같다.

$$a = \frac{v_1 - v_0}{t_1 - t_0} = \frac{v_2 - v_1}{t_2 - t_1} = ... = \frac{v_i - v_{i-1}}{t_i - t_{i-1}} \tag{2}$$

만일 처음 운동을 시작하는 시점을 0으로 하면 $t_0 = 0$이므로, 일정 가속도 a로 운동하는 물체의 시간 t 에서의 속력은 다음과 같다.

$$v = v_0 + at \tag{3}$$

또한 시간에 따른 위치의 변화는 뉴턴의 운동방정식에 의해 다음과 같다.

$$s = s_0 + v_0 t + \frac{1}{2}at^2 \tag{4}$$

즉 가속도가 일정할 때 위치는 시간의 제곱에 비례해서 달라진다.

우리가 가장 쉽게 만나는 등가속운동은 자유낙하 운동이므로 이를 이용해서 등가속 운동을 만들고 그 가속도를 측정하자.

실험개요도는 [그림 2.1]과 같다.

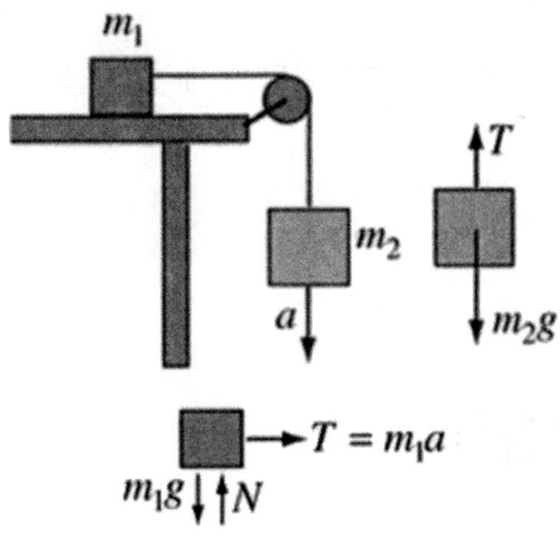

[그림 2.1] 실험개요도

질량 m_2 인 물체를 질량 m1인 수레에 매달아 떨어뜨리면 수레에는 질량 m_2 무게만큼 일정한 힘을 가할 수 있다.

이때 질량 m_2 에는 아래 방향으로 중력이 작용하지만 위 방향으로는 수레를 당기는 줄의 장력 T 가 있다. 따라서 질량 m_2 인 물체가 떨어지는 가속도를 a 라 하면 질량이 m_1 인 수레의 가속도도 a 이다. 또한 수레에 작용하는 힘은 줄의 장력 T 와 같다.

수레와 추에 대한 운동방정식을 쓰면

$$m_2 g - T = m_2 a$$

$$m_2 g - m_2 a = T$$

$$m_2 (g - a) = T \qquad T = m_1 a$$

$$m_2 g - m_2 a = m_1 a$$

$$m_2 g = (m_2 + m_1) a$$

$$a = \frac{m_2}{m_2 + m_1} g \tag{5}$$

따라서 수레의 질량과 추의 질량을 알면 수레의 가속도를 알 수 있다.

2-3 실험장치

① SparkVue 위치센서, AirLink 모듈
② 수레와 트랙
③ 추, 도르래, 실

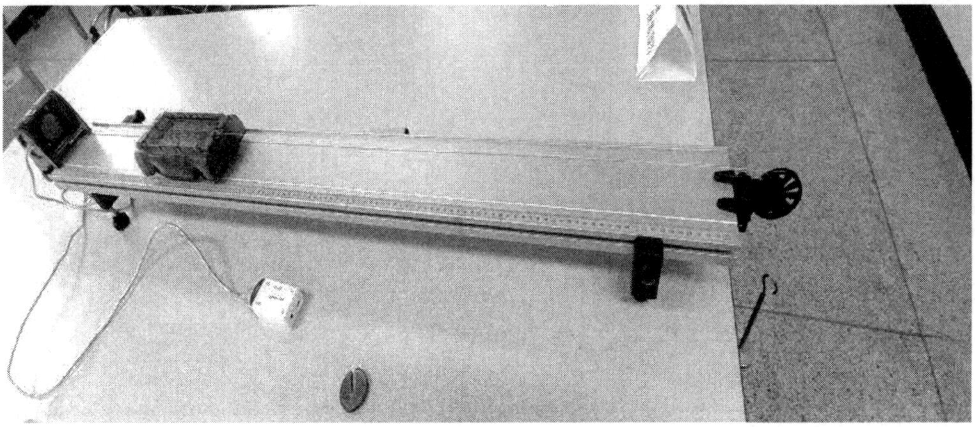

[그림 2.2] 가속도 측정 트랙

2-4 실험방법

① 트랙을 수평이 맞도록 조정한다. (수레를 올려놓았을 때 수레가 이동하거나 기울어지면 안 된다.)

② 수레의 무게를 측정해서 기록하고 추걸이와 추의 무게도 측정하고 기록한다.

③ SparkVue 위치센서를 트랙의 한쪽 끝에 설치한다. 이때 위치센서가 정확히 수직이 되도록 센서 자세를 조정한다.

④ 트랙에 도르래를 설치하고 실로 추 걸이와 수레를 연결한다. 이때 실의 길이는 추의 낙하 거리를 고려해서 조정한다.

⑤ 휴대폰을 열어서 SparkVue 프로그램을 실행시키고, AirLink 전원을 켜고 프로그램에 위치센서를 연결한다.

⑥ 위치가 mm 까지 표시되도록 소숫점 이하 3 ~ 4자리가 표시되도록 설정한다.

⑦ 샘플링 주기를 0.01초, 즉 100 Hz로 설정한다.

⑧ 추는 매달지 않고 측정을 시작하고 손으로 수레를 트랙 위에서 이동범위에서 이동시키며 시간과 위치 데이터가 제대로 들어오는지 확인한다.

⑨ 데이터가 제대로 안 들어오면 문제를 해결하고 다음 단계로 간다.

⑩ 수레를 붙들고 추 없이 추걸이만 연결해서 수레가 운동을 할 수 있도록 준비하고 측정 시작버튼을 누른다.

⑪ 측정이 시작되고 데이터가 들어오는 것을 확인한 후 수레를 놓아서 수레를 운동시킨다.

⑫ 추걸이가 바닥에 닿으면 수레를 잡고 측정 종료 버튼을 누른다.

⑬ 같은 실험을 5번 반복하고 데이터를 휴대폰에 저장하고 본인 이메일로도 보낸다.

⑭ 추걸이에 50 g 추를 더해서 실험 ⑩ ~ ⑬을 반복한다.

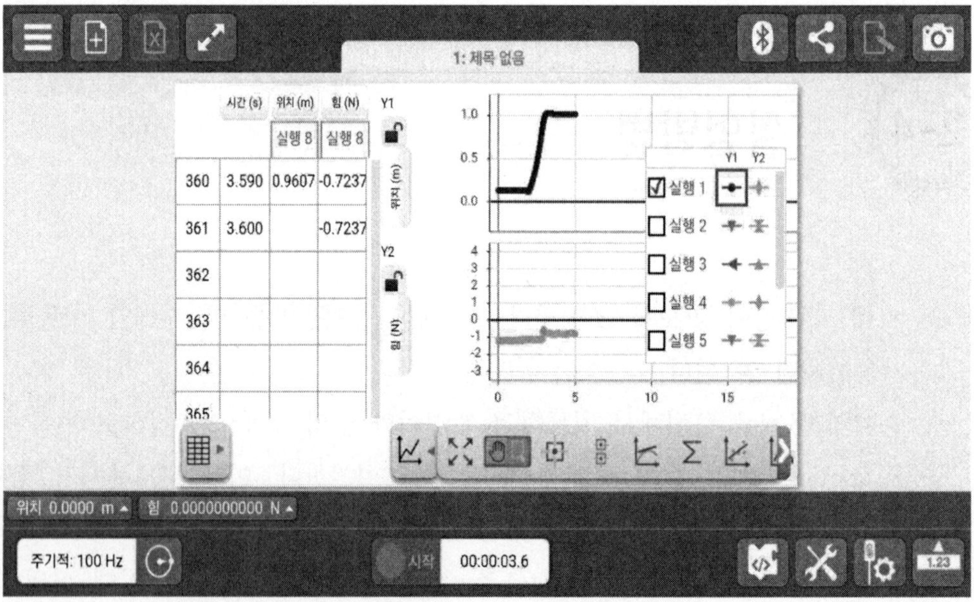

[그림 2.3] 시간에 따른 위치(위) 수레에 가해진 힘(아래) 그래프 화면

2-5 분 석

실험으로 얻은 데이터를 엑셀을 이용해서 열면 [그림 2.4]와 같다.

	A	B	C	D	E	F	G	H	I	J
1	시간 (s)	위치 (m)	속도 (m/s)			시간 (s)	위치 (m)	속도 (m/s)		
2	0	0.127				0	0.123			
3	0.01	0.126	-0.025			0.01	0.123	0		
4	0.02	0.126	-0.054	-2.065		0.02	0.123	0	-0.005	
5	0.03	0.125	-0.066	-0.378		0.03	0.123	-1.03E-04	0.183	
6	0.04	0.124	-0.061	0.891		0.04	0.123	0.003	0.402	
7	0.05	0.124	-0.041	1.391		0.05	0.123	0.008	1.155	
8	0.06	0.124	-0.026	1.253		0.06	0.123	0.016	2.283	
9	0.07	0.124	-0.018	0.952		0.07	0.124	0.056	2.633	
10	0.08	0.123	-0.009	1.032		0.08	0.124	0.092	1.187	
11	0.09	0.123	-7.20E-04	1.563		0.09	0.126	0.09	-1.296	
12	0.1	0.123	0.019	1.979		0.1	0.126	0.053	-2.505	
13	0.11	0.123	0.048	1.442		0.11	0.127	0.017	-1.951	
14	0.12	0.124	0.061	-0.141		0.12	0.127	0.014	-0.836	
15	0.13	0.125	0.044	-1.57		0.13	0.127	0.012	-0.17	
16	0.14	0.125	0.015	-1.792		0.14	0.127	0.008	0.536	
17	0.15	0.125	1.04E-04	-1.123		0.15	0.127	0.013	1.57	
18	0.16	0.125	-0.003	-0.442		0.16	0.127	0.045	1.816	
19	0.17	0.125	-0.006	-0.103		0.17	0.128	0.069	0.547	
20	0.18	0.125	-0.006	0.092		0.18	0.129	0.061	-1.355	
21	0.19	0.125	-0.003	0.193		0.19	0.129	0.03	-2.208	
22	0.2	0.125	0	0.149		0.2	0.129	0.003	-1.925	
23	0.21	0.125	0	0.005		0.21	0.129	-0.005	-1.508	

[그림 2.4] 50g 추를 이용하여 얻은 실험 데이터

이 데이터에서 시간에 따른 위치 변화를 그래프로 그려보면 [그림 2.5]와 같고 시간에 따른 속도의 변화는 [그림 2.6]과 같다.

[그림 2.5]의 시간에 따른 위치 변화 그래프를 보면 이 운동은 등가속운동이므로, 일정한 힘이 가해진 구간 5초에서 5.5초 사이를 보면 시간에 따른 위치 변화는 포물선 형태를 보인다.

[그림 2.5] 시간에 따른 위치 그래프

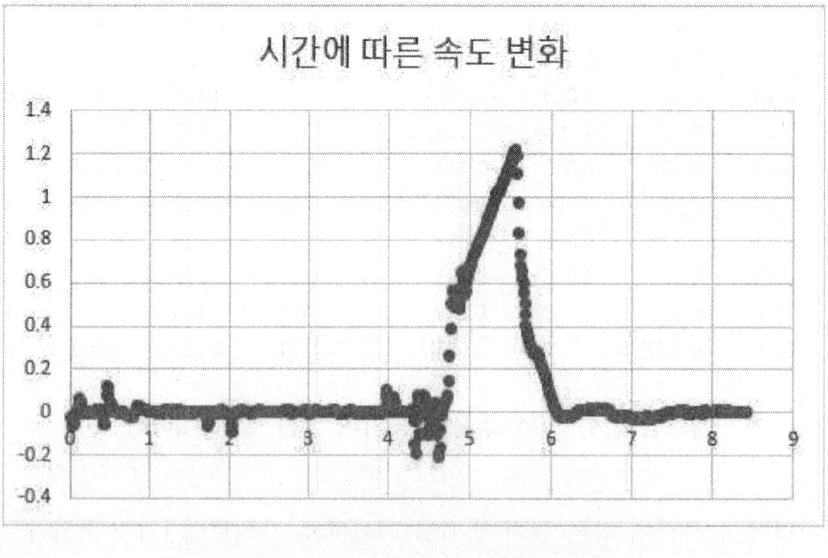

[그림 2.6] 시간에 따른 속도 그래프

[그림 2.6]의 시간에 따른 속도의 변화 그래프에서 시간 구간이 대략 5초에서 5.5초 사이가 일정한 힘이 가해져서 등가속운동을 한 구간임을 알 수 있다.

이 구간 외의 데이터는 필요 없고, 또한 추세선을 구하기 위해서는 사용구간 데이터 만을 이용해야 하므로 4.97초에서 5.5초까지의 데이터를 추출해서 만든 데이터는 [그림 2.7]에 있다.

	A	B	C	D
1	시간 (s)	위치 (m)	속도 (m/s)	
2	4.98	0.247	0.648	1.691
3	4.99	0.253	0.666	1.304
4	5	0.26	0.678	0.999
5	5.01	0.267	0.683	0.926
6	5.02	0.274	0.691	1.221
7	5.03	0.281	0.708	1.442
8	5.04	0.288	0.726	1.262
9	5.05	0.295	0.735	0.909
10	5.06	0.303	0.74	0.794
11	5.07	0.31	0.748	0.941
12	5.08	0.318	0.76	1.049
13	5.09	0.325	0.771	1.006
14	5.1	0.333	0.78	0.906
15	5.11	0.341	0.789	0.849
16	5.12	0.349	0.797	0.891
17	5.13	0.357	0.805	0.992
18	5.14	0.365	0.817	1.055
19	5.15	0.373	0.828	0.97
20	5.16	0.382	0.837	0.769
21	5.17	0.39	0.843	0.652
22	5.18	0.398	0.848	0.73
23	5.19	0.407	0.856	0.967
24	5.2	0.416	0.868	1.222
25	5.21	0.424	0.882	1.34
26	5.22	0.433	0.896	1.251
27	5.23	0.442	0.908	1.096
28	5.24	0.451	0.916	1.036
29	5.25	0.461	0.928	1.084

[그림 2.7] 등가속도 구간 추출데이터

[그림 2.7] 데이터를 이용해서 시간에 따른 속도 그래프를 그리고 추세선을 구하면 [그림 2.8]와 같다.

등속운동에서 시간에 따른 속도 그래프에서 기울기가 가속도가 되므로 추세선에서 구한 기울기가 수레의 가속도가 된다.

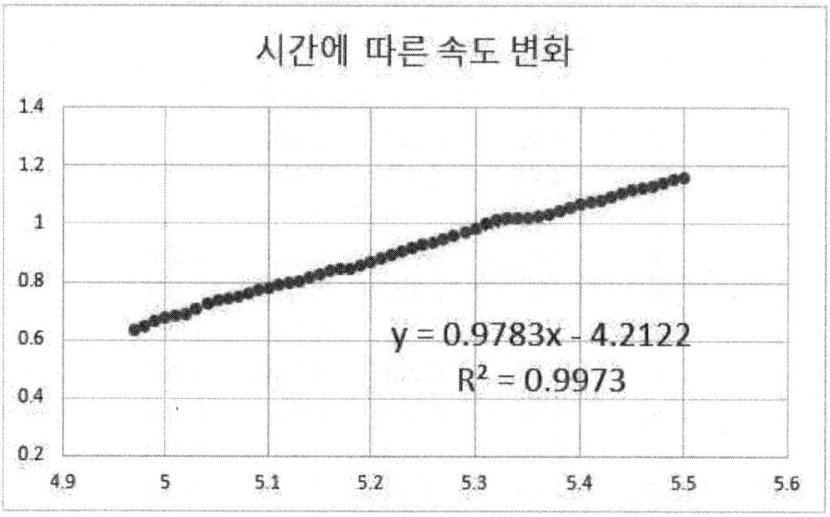

[그림 2.8] 시간에 따른 속도의 변화

측정한 가속도와 식(6)을 이용해서 계산한 가속도 차이를 표에 나타내고 차이가 발생한 원인을 분석하라.

예비보고서

실험제목 : 뉴턴의 제2법칙 - 등가속운동

<table>
<tr><td>실험일시</td><td></td><td>학 과</td><td></td><td>담당교수</td><td></td></tr>
<tr><td rowspan="2">제출자</td><td>학 번</td><td>이 름</td><td>실 험 조</td><td colspan="2">공동실험자</td></tr>
<tr><td></td><td></td><td></td><td colspan="2"></td></tr>
</table>

1. 실험의 목적과 개요

2. 실험의 원리

3. 실험장치

4. 실험방법

결과보고서

실험제목 : 뉴턴의 제2법칙 - 등가속운동

실험일시		학 과		담당교수	
제출자	학 번	이 름	실 험 조	공동실험자	

1. 실험 결과 및 분석

- 시간에 따른 속도의 변화 그래프와 추세선을 구한 그래프를 모두 표시하라.
- 가속도 계산 값을 얻기 위해 사용한 값을 쓰고 계산을 해라.
- 실험 데이터와 계산 값을 이용해서 결과표를 완성하라.
- 가속도 차이는 아래 식을 이용해서 계산하라.

$$\% \text{ 차이} = \left| \frac{\text{이론치} - \text{측정치}}{\text{이론치}} \right| \times 100$$

1) 추의 질량 : 50 g

실 험	1	2	3	4	5
m1 (kg)					
m2 (kg)	50g	50g	50g	50g	50g
추세선(a) (m/s^2)					
계산(a) (m/s^2)					
a 차이(%)					

2) 추의 질량 : 100 g

실 험	1	2	3	4	5
m1(kg)					
m2(kg)	100g	100g	100g	100g	100g
추세선(a) (m/s^2)					
계산(a) (m/s^2)					
a 차이(%)					

2. 토의 및 결론

Chapter

03 힘의 평형

3-1 실험의 목적과 개요

3-2 원 리

3-3 실험장치

3-4 실험방법

3-1 실험의 목적과 개요

물리량은 크게 벡터와 스칼라로 나눌 수 있다. 스칼라는 크기만으로 정의되는 물리량이고 벡터는 크기와 방향으로 정의되는 물리량이다. 이 실험에서는 벡터 물리량에서 대표적인 힘을 이용해서 벡터의 특성을 실험적으로 알아본다.

3-2 원 리

어떤 물체가 평형상태에 있다는 것은 외부에서 그 물체의 운동상태를 변화시킬만한 그 어떤 영향도 주지 않는 것을 의미한다.

예를 들면 어떤 물체가 정지해 있거나, 등속운동을 하는 경우 이 물체는 평형상태를 유지하고 있다고 한다. 한 물체가 이러한 평형상태에 있으려면 다음 두 가지 평형조건을 만족해야 한다.

1. 제1평형조건 : 선형 평형조건

물체의 외부에서 작용하는 모든 힘의 벡터 합이 0이 되는 조건이다.

$$\sum_i \overrightarrow{F_i} = 0 \tag{1}$$

2. 제2평형조건 : 회전 평형조건

물체의 외부에서 작용하는 모든 토오크(torque)의 벡터 합이 0이 되는 조건이다.

$$\sum_i \vec{\tau_i} = 0 \qquad (2)$$

만일 어떤 물체가 회전도 없이 평형상태로 정지해 있으려면 위의 두 조건을 모두 만족해야 한다.

벡터는 크기와 방향, 두 물리량에 의해 정의되는 물리량으로 힘, 속도, 변위 등이 벡터에 해당한다.

벡터를 계산하기 위해 좌표계를 정하고 그 좌표계에서 벡터를 표현하면 계산이 편하다. 좌표계에 벡터를 표시하고, 이를 계산하기 위해 좌표계의 기준 축을 나타내는 단위벡터가 필요하다.

단위벡터는 크기가 1인 방향만을 나타내는 벡터로 직각좌표계에서는 x, y, z축을 나타내는 단위벡터로 x, y, z 에 ^를 씌워서 벡터임을 표시하거나 I, j, k를 쓴다.

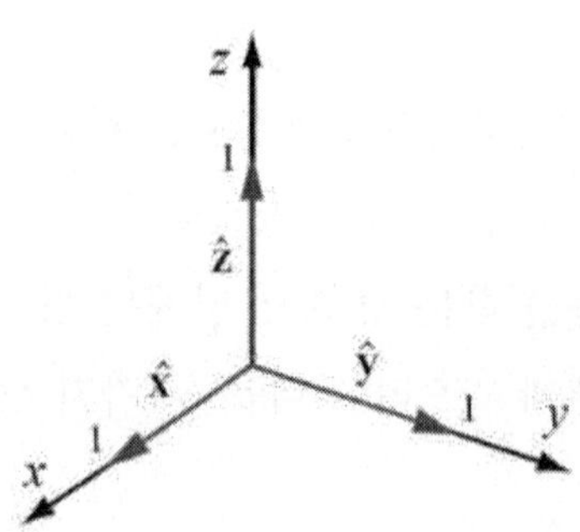

직각좌표계의 기본단위벡터: $\hat{\mathbf{x}}, \hat{\mathbf{y}}, \hat{\mathbf{z}}$

$$|\hat{\mathbf{x}}| = |\hat{\mathbf{y}}| = |\hat{\mathbf{z}}| = 1$$

[그림 3.1] 직각좌표계에서 단위벡터

3. 벡터의 덧셈과 뺄셈

덧셈하려는 벡터를 평행이동시켜 시작점을 맞추고 두 벡터가 만드는 평행사변형에서 시작점에서 대각선 끝점까지 벡터가 두 벡터의 합 벡터다. ([그림 3.2] 참조)

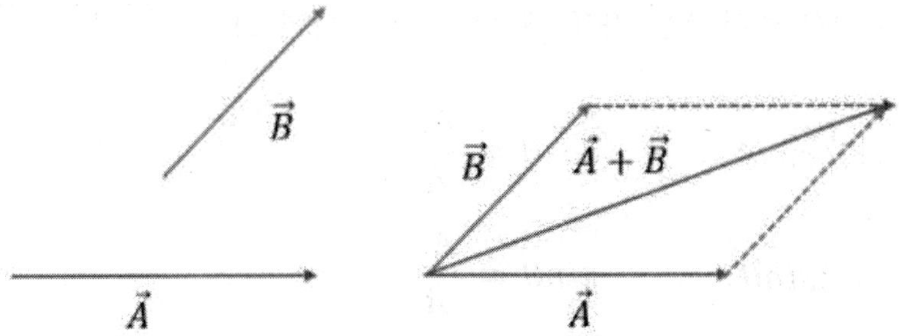

[그림 3.2] 벡터의 덧셈

벡터의 뺄셈은 빼는 벡터 즉 －가 붙은 벡터를 더하는 것이다. 벡터에서 －는 반대 방향을 의미하므로 빼는 벡터의 방향을 반대로 놓고 두 벡터를 더하면 된다. ([그림 3.3] 참조)

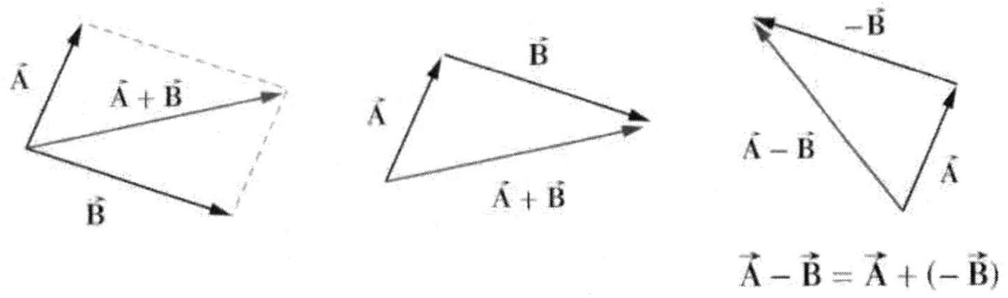

[그림 3.3] 벡터의 뺄셈

4. 벡터의 성분과 표시

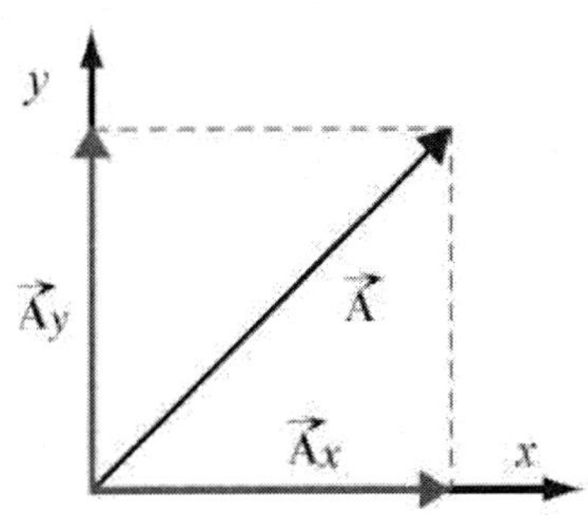

[그림 3.4] 벡터의 성분표시

[그림 3.4]에서 벡터 A를 좌표 성분으로 표시하면 $A = A_x + A_y$ 이고,

$$A_x = A\cos\theta \qquad \cos\theta = \frac{A_x}{A}$$

$$A_y = A\sin\theta \qquad \sin\theta = \frac{A_y}{A}$$

$$A = \sqrt{A_x^2 + Ay^2}$$

$$\tan\theta = \frac{A_y}{A_x} \qquad \theta = \tan^{-1}\frac{A_y}{A_x}$$

이것을 3차원으로 확장해서 표시하면 다음과 같다.

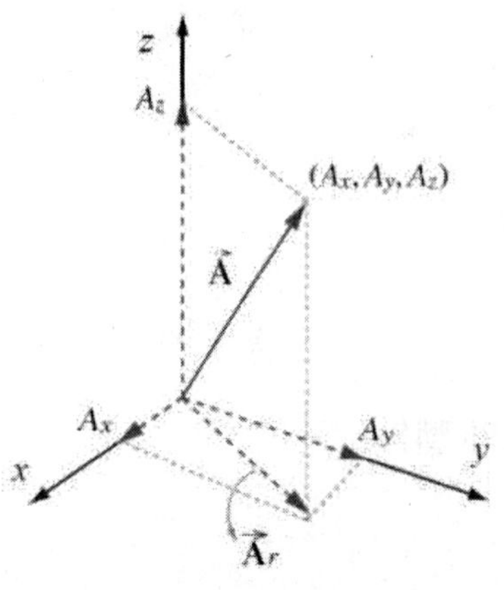

$\hat{\mathbf{x}}, \hat{\mathbf{y}}, \hat{\mathbf{z}}$ 를 이용하여 임의의 벡터를 표현

$$\begin{aligned}\vec{\mathbf{A}} &= \vec{\mathbf{A}}_r + \vec{\mathbf{A}}_z \\ &= \vec{\mathbf{A}}_x + \vec{\mathbf{A}}_y + \vec{\mathbf{A}}_z \\ &= A_x\hat{\mathbf{x}} + A_y\hat{\mathbf{y}} + A_z\hat{\mathbf{z}}\end{aligned}$$

[그림 3.5] 삼차원에서 벡터 표현

벡터의 합을 좌표계와 단위벡터를 이용하면 다음과 같이 쓸 수 있다.

$$\begin{aligned}\vec{\mathbf{C}} &= \vec{\mathbf{A}} + \vec{\mathbf{B}} \\ &= (A_x\hat{\mathbf{x}} + A_y\hat{\mathbf{y}} + A_z\hat{\mathbf{z}}) + (B_x\hat{\mathbf{x}} + B_y\hat{\mathbf{y}} + B_z\hat{\mathbf{z}}) \\ &= (A_x + B_x)\hat{\mathbf{x}} + (A_y + B_y)\hat{\mathbf{y}} + (A_z + B_z)\hat{\mathbf{z}}\end{aligned}$$

$$
\begin{aligned}
\vec{\mathbf{D}} &= \vec{\mathbf{A}} - \vec{\mathbf{B}} \\
&= (A_x\hat{\mathbf{x}} + A_y\hat{\mathbf{y}} + A_z\hat{\mathbf{z}}) - (B_x\hat{\mathbf{x}} + B_y\hat{\mathbf{y}} + B_z\hat{\mathbf{z}}) \\
&= (A_x - B_x)\hat{\mathbf{x}} + (A_y - B_y)\hat{\mathbf{y}} + (A_z - B_z)\hat{\mathbf{z}}
\end{aligned}
$$

세 힘을 평형이 되도록 하려면 임의의 두 개의 힘을 합한 힘을 구하고, 합한 힘과 크기는 같고 방향이 반대인 힘을 세번째 힘으로 정하면 세 힘이 평형상태에 있게 된다.

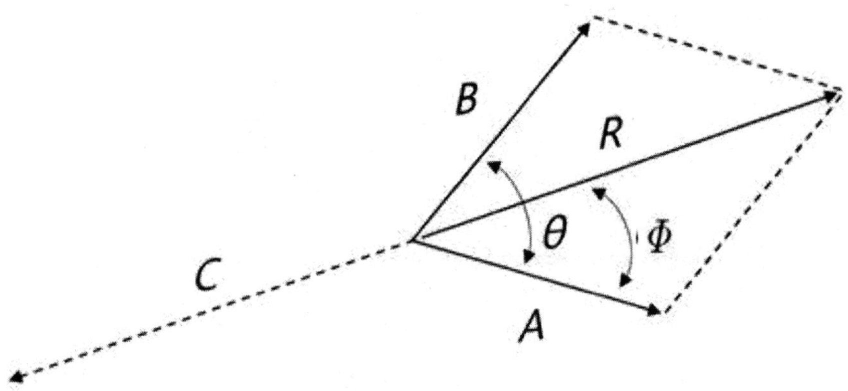

[그림 3.6] 세 힘의 평형이 되도록 세번째 힘 찾기

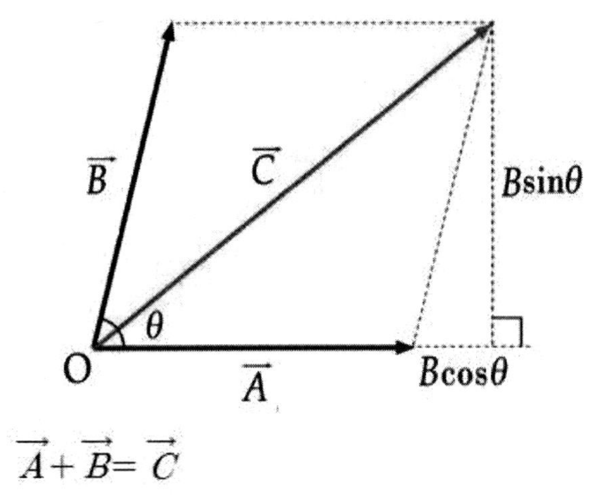

[그림 3.7] 세번째 힘의 계산

$$C^2 = (A + B\cos\theta)^2 + (B\sin\theta)^2$$
$$C^2 = A^2 + (B\cos\theta)^2 + 2AB\cos\theta + (B\sin\theta)^2$$
$$C^2 = A^2 + B^2 + 2AB\cos\theta$$

$$|C| = \sqrt{|A|^2 + |B|^2 + 2|A||B|\cos\theta}$$

$$\tan\Phi = \frac{|B|\sin\theta}{|A| + |B|\cos\theta}$$

또한 세 힘이 평형이 될 때 다음이 성립한다.

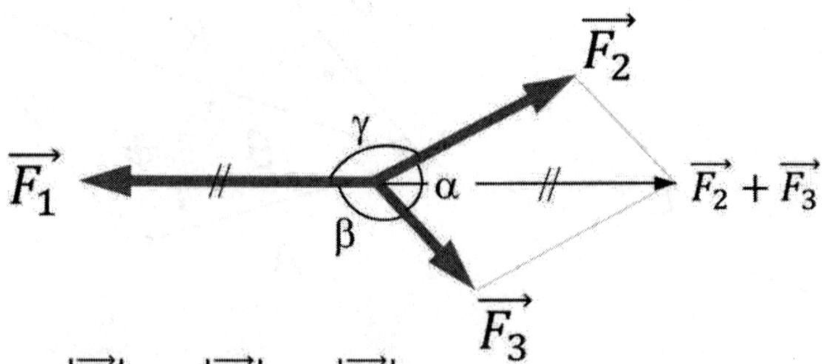

$$\frac{|\vec{F_1}|}{\sin\alpha} = \frac{|\vec{F_2}|}{\sin\beta} = \frac{|\vec{F_3}|}{\sin\gamma}$$

3-3 실험장치

① 힘 평형장치

② 추, 수준기, 그래프 용지

[그림 3.8] 힘 평형장치

3-4 실험방법

① 수준기를 힘 평형 장치에 올려놓고 장치가 정확히 수평이 되도록 조절나사를 조정한다.

② 추걸이 3개와 도르래 3개를 각각 실의 한 끝을 추걸이를 매고 다른 한 끝은 중앙의 쇠고리에 연결한다([그림 3.1] 참조). 매단 추걸이 이름을 각각 A, B, C 로 정하고 추걸이에 A, B C로 표시한다.

③ 추걸이 A에 연결된 도르레 중앙 눈금이 원판의 각도 0°에 오도록 도르래를 고정한다.

④ 추걸이 A에 질량 50 g 정도의 추를 놓고, 나머지 추걸이 B와 C에 적당한 무게 추를 놓는다.

⑤ 도르레 B와 C의 위치를 원판에서 이동시키며서 중앙의 쇠고리가 어느 쪽으로 쏠리지 않는 위치를 찾아 힘의 평형상태를 만든다.

⑥ 평형위치를 찾았으면 중앙의 쇠고리를 살짝 들었다 놓아서 여전히 어느 한쪽에 닿지 않는 중앙위치를 유지하는지 확인한다.

⑦ 각 추걸이에 걸린 추의 질량 $m_{A,}\ m_{B,}\ m_C$ 와 각도 $\theta,\ \Phi$ 를 표에 기록한다.

⑧ 추걸이 A의 질량을 바꾸어서 방법 ④에서 ⑦ 실험을 5회 반복한다.

예비보고서

실험제목 : 힘의 평형

실험일시		학 과		담당교수	
제출자	학 번	이 름	실 험 조	공동실험자	

1. 실험의 목적과 개요

2. 실험의 원리

3. 실험장치

4. 실험방법

결과보고서

실험제목 : 힘의 평형

실험일시		학 과		담당교수	
제출자	학 번	이 름	실 험 조	공동실험자	

1. 실험 결과 및 분석

	측 정					계 산		오 차	
	m_A	m_B	m_C	θ	Φ	C	Φ'	$m_C - C$	$\Phi - \Phi'$
1									
2									
3									
4									
5									

2. 토의 및 결론

Chapter

04

역학적 에너지 보존

4-1 실험의 목적과 개요

역학적 에너지는 운동에너지와 위치에너지로 구성되며 보존력에 의해 운동하는 계에서는 역학적 에너지는 보존된다. 역학적 에너지는 운동상태를 표현하거나 운동상태를 예측하기 위해 아주 중요한 물리량이다.

대표적인 예가 자유낙하 운동인데, 자유낙하 운동은 특별한 장치 없이 정확한 시간을 측정하는 것이 매우 어려워서 진자를 이용해서 운동에너지와 위치에너지 사이의 관계를 실험으로 측정해서 역학적 에너지가 보존되는 것을 확인한다.

4-2 원 리

1. 운동에너지

질량이 m 인 물체가 속도 v 로 운동하고 있을 때 그 물체가 지닌 운동에너지를 다음과 같이 정의된다.

$$K = \frac{1}{2}mv^2 \qquad (1)$$

2. 위치에너지

질량이 m 인 물체가 지상에서 높이 h 인 위치에 있으면 그 물체가 지닌 중력에 의한 위치에너지는 다음과 같이 정의된다.

$$U = mgh \tag{2}$$

지구에는 항상 중력이 작용하고 지구에서의 모든 운동은 중력의 영향을 받는다. 우리가 물체를 위로 던진다면 중력 때문에 그 물체는 점차 속도가 줄다가 어느 순간에 속도가 0이 되었다가 아래로 떨어지게 된다. 만일 공기저항을 무시한다면 물체가 떨어질 때 처음 그 물체가 출발한 높이와 같은 높이에 도달하면 그 물체의 낙하속도는 처음 위로 던져진 속도와 같게 된다.

처음 출발할 때 지닌 운동에너지가 중력에 의해 점점 속도가 줄게 되어 운동에너지는 감소하지만, 높이가 증가해서 위치에너지가 증가한다. 마침내 속도가 0이 되는 지점에서는 운동에너지가 0이 되고 위치에너지는 최대가 되며 이때 위치에너지는 처음 출발할 때 물체가 지녔던 운동에너지와 같게 된다. 다시 낙하를 시작하면 높이는 감소하여 위치에너지가 줄어들고 속도가 커져서 운동에너지가 증가한다. 마침내 처음 출발했던 위치에 도달하면 그 물체는 처음 출발했던 운동에너지를 갖고 떨어진다.

이처럼 위치에너지와 운동에너지가 상호 보완되어 두 에너지의 합은 항상 일정하게 되는데 이를 역학적 에너지가 보존된다고 한다.

이 운동은 중력에 의해서 발생하며 역학적 에너지가 보존되는 중력을 보존력이라 한다.

$$K_0 + U_0 = K + U = \text{일정} \tag{3}$$

식(3)은 역학적 에너지 보존을 표현한 식이다.

이 실험에서는 공기의 마찰 등 비보존력은 무시하고, 보존력인 중력만이 작용하는 진자의 운동으로 역학적 에너지가 보존되는지를 확인한다.

[그림 4.1]는 역학적 에너지 보존 실험장치의 개념도이다.

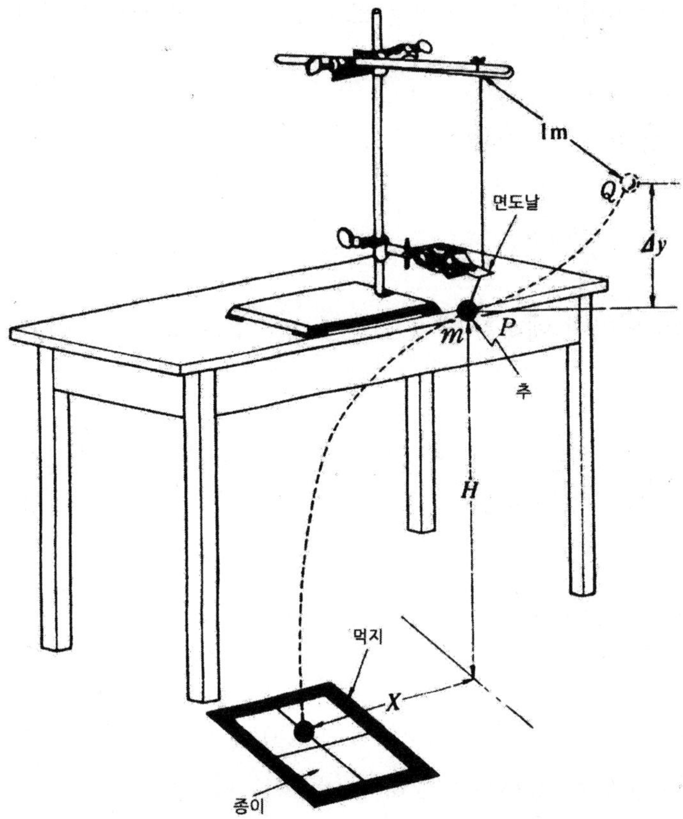

[그림 4.1] 역학적 에너지 측정 실험장치

이 장치는 단진자 운동의 한쪽 낙하하는 부분을 이용한다. 질량이 m인 진자가 진자의 위치에서 가장 낮은점 P에서 Δy 만큼 높이 있을 때, 그 진자의 위치에너지 U는 평형점에서의 위치에너지 U_0 보다 $mg\Delta y$ 만큼 크다. 이때 g는 중력가속도이다.

만일 역학적 에너지가 보존된다면 점 P에서 진자의 위치에너지는 0이고, 운동에너지는 최대가 되는데, 점 p를 통과할 때 질량 m인 진자 추의 속력이 v라 한다면 진자 추의 운동에너지는 다음과 같다.

$$\frac{1}{2}mv^2 \qquad (4)$$

Q 지점에서 $v=0$이고, 추의 높이는 Δy 이므로 이 점에서의 역학적 에너지는

$$K_0 + U_0 = \frac{1}{2}mv^2 + mg\Delta y \qquad (5)$$

$$= 0 + mg\Delta y$$

이고, 점 P에서의 역학적 에너지는 이 지점에서의 추의 속도는 v 이고, 위치 $\Delta y = 0$ 이므로

$$K_0 + U_0 = \frac{1}{2}mv^2 + mg\Delta y \qquad (6)$$

$$= \frac{1}{2}mv_0^2 + 0$$

이다. 따라서 점 Q에서의 역학적 에너지를 식 (5)로 구하고, P 점에서 역학적 에너지를 식 (6)으로 구해서 이 값들을 비교하면 역학적 에너지가 보존되는지를 확인할 수 있다.

진자 추의 질량은 저울로 측정하고 진자의 운동 높이 Δy 는 자를 이용해서 측정하면 된다. 문제는 점 P에서 진자 추의 속도를 정확히 측정해야 한다. 만일 점 P에 면도날을 설치해서 진자 추가 점 P를 지나는 순간 진자를 매단 실이 끊어진다면 진자 추는 포물선 궤적을 그리며 낙하한다. 우리가 측정하려는 속도 v 는 수평 방향 운동으로 정확한 등속운동이다.

일정 높이에서 수평으로 등속운동 하는 물체의 수평 이동 거리는 속도에 비행시간을 곱하면 알 수 있고 비행시간은 일정 높이에서 자유낙하 하는 물체의 낙하시간으로 구 할 수 있다.

[그림 4.1]에서 예상되는 추의 낙하 위치에 먹지를 놓고 그 위에 종이를 놓으면 정확한 추의 낙하 위치를 알 수 있다. 추의 낙하 위치로부터 수평 비행거리 X를 측정하고 높이 H 에서 낙하하는데 걸리는 시간 t 를 안다면 위치와 속도, 시간의 관계식에서 속도 v 를 알 수 있다.

$$X = vt \tag{7}$$

$$v = \frac{X}{t} \tag{8}$$

낙하시간 t는 중력장에서 자유낙하 하는 물체의 낙하 높이와 가속도 시간의 관계식에서 알 수 있다.

$$H = \frac{1}{2}gt^2 \tag{9}$$

$$t = \sqrt{\frac{2H}{g}} \tag{10}$$

식 (8)에 식(10)에서 구한 시간(t)을 넣으면 점 P에서 진자 추의 수평 속도인 v를 알 수 있다.

$$v = \sqrt{\frac{gX^2}{2H}} \tag{11}$$

4-3 실험장치

① 역학적 에너지 보존 실험장치

② 먹지 A3 종이

③ 전자저울

④ 자

4-4 실험방법

① 전자저울로 추의 무게를 측정한다.

② [그림 4.1]과 같이 1 m 정도 되는 실을 고정대 위에 고정하고, 다른 한쪽에는 추를 연결한다. 고정대 아래에는 [그림 4.1]과 같이 실이 끊어질 때는 추 바로 위에서 실이 끊어지도록 면도날을 적당한 위치에 고정한다.

③ 추를 적당한 높이로 올리고 높이(Δy)를 측정하고 추를 놓아 추가 운동을 하도록 한다. 추가 떨어지는 위치를 보고, 추가 떨어지는 위치를 측정하기 위해 먹지와 종이를 놓는다. 종이와 먹지가 움직이지 않게 테이프로 고정한다.

④ 추의 실이 면도날로 끊어지는 위치에서 추의 중심에서 바닥까지 높이 H를 측정해서 표에 기록한다.

⑤ 추를 1 m 정도의 길이 실에 매달고 추 높이를 적당히 조정한 후에 Δy를 측정하고 표에 기록한다.

⑥ 추를 놓아서 실이 면도날에 끊어지게 하고 추가 떨어진 위치를 먹지를 치우면 볼 수 있다. 추가 떨어진 위치에서 추가 면도날에 끊어져서 출발한 위치의 바닥기준점까지 수평거리 X를 측정해서 표에 기록한다.

⑦ 가능한 한 높이 Δy는 일정하게 해서 실험방법 ②에서 ⑥을 반복한다.

예비보고서

실험제목 : 역학적 에너지 보존

실험일시		학 과		담당교수	
제출자	학 번	이 름	실 험 조	공동실험자	

1. 실험의 목적과 개요

2. 실험의 원리

3. 실험장치

4. 실험방법

결과보고서

실험제목 : 역학적 에너지 보존

실험일시		학 과		담당교수	
제출자	학 번	이 름	실 험 조	공동실험자	

1. 실험 결과 및 분석

실 험	위치에너지(Q점) - 운동에너지(P점)	오차(%)
1		
2		
3		
4		
5		

실 험	Δy	H	X
1			
2			
3			
4			
5			
평 균			
편 차			

실 험	추의 질량(g)	위치에너지(Q점)	운동에너지(P점)
1			
2			
3			
4			
5			
평 균			
편 차			

2. 토의 및 결론

Chapter

05

중력가속도 측정

5-1 실험의 목적과 개요

지구 위의 모든 질량이 있는 물체는 언제 어디서나 항상 중력가속도에 영향을 받는다. 중력가속도의 근원은 지구의 질량과 물체의 질량 사이에 존재하는 힘으로 이 힘은 뉴턴이 정의한 만유인력이다.

이 실험에서는 중력가속도의 크기를 측정하고 그 값이 물체의 질량과 관계없는 일정한 물리량인 것을 확인한다.

물체를 어느 높이에서 높으면 바닥으로 낙하하는 현상에서 지구와 물체 사이에 힘이 작용하는 것을 알 수 있고 힘이 작용한다는 것은 가속도가 존재하는 것을 의미한다. 이 가속도가 중력가속도이며 그 크기는 뉴턴의 방정식을 이용해서 낙하 거리와 낙하시간을 알면 간단히 계산할 수 있다. 그러나 실내에서 약 2m 정도 짧은 거리를 낙하하는데 걸리는 시간은 1초가 안 되어서 특별한 장치 없이 정밀한 측정은 어렵다. 따라서 다른 측정 방법으로 진자를 이용하는 방법을 이용한다.

진자는 실에 추를 매달아 약간 흔들어주면 추는 진동운동을 반복한다.

진자의 진동운동에서 한번 진동하는데 걸리는 시간을 주기라 한다.

진자운동에서 주기는 추의 질량과 진폭에 관계없이 일정하고 추를 매단 실의 길이에만 관계한다.

따라서 중력가속도는 물체의 질량과 관계없는 것을 쉽게 알 수 있다.

진자를 이용한 실험으로 중력가속도를 측정하고 중력가속도가 물체의 질량과 관계없는 물리량임을 이해한다.

5-2 원 리

진자에는 크기는 없고 점으로 질량만 있는 추 외에는 실 등 다른 어떤 질량도 없는 이상적인 단진자(simple pendulum)와 실제 존재하는 강체로 취급하는 물리진자(physical pendulum)가 있다.

진자의 운동을 이해하기 위해 단진자를 먼저 생각하자. 단진자는 [그림 5.1]과 같이 길이 l 인 실의 한끝에 질량 m인 추를 고정하고 다른 한 끝은 천장 등에 매달아 진자가 운동할 수 있도록 만든 것이다. (이상적인 경우 실의 무게가 0이지만 실의 무게는 무시할 수 있는 정도로 실험에 커다란 영향을 주지 않는다.)

단진자에는 중력만 작용하고 다른 어떤 힘도 작용하지 않는다. 처음 운동을 하기 위해 진자의 추를 일정 높이로 올렸다가 놓으면 중력에 의한 낙하운동이 추를 매달은 실 때문에 운동 경로가 바뀌면서 진동운동을 한다.

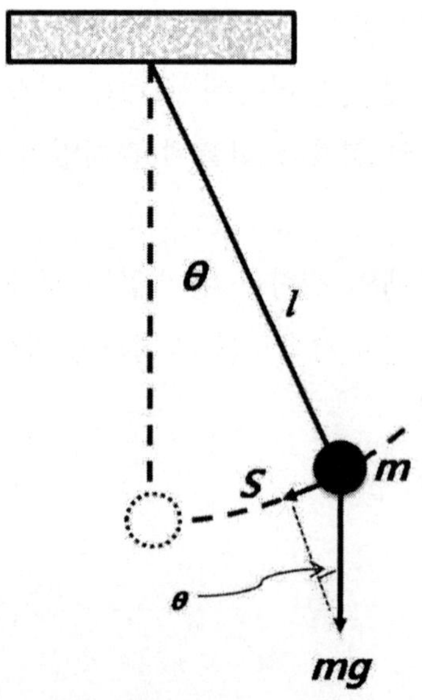

[그림 5.1] 단진자

이 진동운동을 진자운동이라 하고 이때 작용하는 힘은 중력이나 실 때문에 중력이 작용하는 방향으로 낙하하지 못하고 주기 운동인 단진동 운동을 한다. 이때 중력은 복원력과 실이 추를 당기는 장력으로 분해되어 실의 장력은 운동 경로가 이탈하지 않도록 하며 복원력은 실제 운동을 일으킨다. 여기서 복원력 F는

$$F = -mg\sin\theta \tag{1}$$

로 쓸 수 있고, 이때 힘의 −부호는 복원력을 의미한다.

뉴턴의 운동방정식 $F = ma$에서 단진동 운동을 기술하는 운동방정식을 쓰면 다음과 같다.

$$m\frac{d^2S}{dt^2} = -mg\sin\theta \tag{2}$$

이 식에서 θ 는 [그림 5.1]과 같이 진자가 진동하는 각도의 반으로 이 각도가 상당히 작을 때는

$$\sin\theta \simeq \theta$$

로 근사시킬 수 있다. 이는 $\sin\theta$를 급수로 전개하면

$$\sin\theta = \frac{\theta}{1} - \frac{\theta^3}{3!} + \frac{\theta^5}{5!} - \frac{\theta^7}{7!} \;\cdots\cdot$$

되므로 θ가 작으면 $\theta^3, \theta^5 \ldots$ 은 매우 작아져서 무시할 수 있다.

이때 $\theta = S/l$ 이고, 따라서 단진자의 운동방정식은 다음과 같다.

$$m\frac{d^2S}{dt^2} = -mg\frac{S}{l} \tag{3}$$

코사인함수는 두 번 미분하면 −가 붙은 자기 자신의 함수가 나타나므로, 이 미분방정식의 해가 코사인함수가 됨을 알 수 있다.

$$S = A\cos\omega t \tag{4}$$

식(4)를 시간에 대한 1차와 2차 미분을 하면

$$\frac{dS}{dt} = -A\omega\sin\omega t, \qquad \frac{d^{2S}}{dt^2} = -A\omega^2\cos\omega t \tag{5}$$

이고, 이를 운동방정식 (3)에 대입을 하면 각 진동수

$$\omega = \sqrt{\frac{g}{l}} \tag{6}$$

를 얻는다. 또한 주기 T는

$$T = \frac{2\pi}{\omega} \tag{7}$$

이므로 식 (6)과 (7)로부터 단진자의 주기는 다음과 같다.

$$T = 2\pi\sqrt{\frac{l}{g}} \tag{8}$$

따라서 구하고자 하는 중력가속도는 다음과 같다.

$$g = \frac{4\pi^2}{T^2}l \tag{9}$$

이 식에 실험에서 구한 단진자의 길이 l과 주기 T를 대입하면 중력가속도를 구할 수 있다.

집에서 실에 지우개를 매달아 간단하게 진자를 만들고 이를 이용해서 중력가속도를 측정해 보자.

그러나 좀 더 정밀하게 중력가속도의 크기를 구하려면, 실제 크기와 형태를 지닌 물리진자를 모델로 실험을 해야 한다. 이 실험에서는 물리진자인 보다 진자를 고려해서 운동을 분석해서 운동방정식을 만들고, 방정식 안에 운동에 영향을 주는 요소들을 실험으로 측정하여 중력가속도를 측정한다.

보다 진자를 보면 [그림 5.2]와 같이 추의 질량이 M 인 금속구 G에 철사를 매달아 진동하는 구조로 되어 있다.

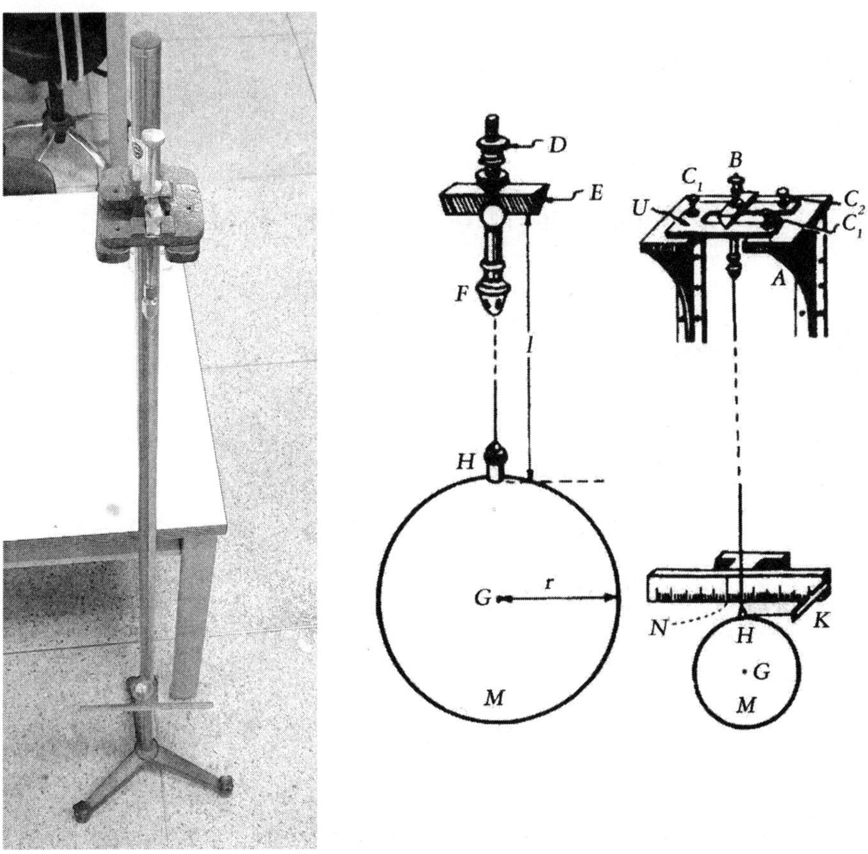

[그림 5.2] 보다 진자 실험장치

물리진자에서 운동방정식은 토크에 대한 식으로 표현한다.

$$\tau = \frac{I(d^2\theta)}{dt^2} \tag{10}$$

$$\tau = r \times F \qquad F = -mgsin\theta \qquad \tau = -mgsin\theta L$$

만일 진동하는 각이 아주 작다면 $\sin\theta \simeq \theta$ 이므로

$$\tau = -mgL\theta \tag{11}$$

식(10)과 식(11)을 정리하면

$$\frac{d^2\theta}{dt^2} = -\frac{mgL\theta}{I} \tag{12}$$

$\theta = Acos\omega t$ 로 가정하고 시간에 대해 1차, 2차 미분을 구하면

$$\frac{d\theta}{dt} = -\omega Asin\omega t \qquad \frac{d^2\theta}{dt^2} = -\omega^2 Acos\omega t$$

이고, 이를 식 (12에 대입하여 정리하면

$$-\omega^2 Acos\omega t = \frac{mgL}{I} Acos\omega t \tag{13}$$

따라서

$\omega = \sqrt{\frac{mgL}{I}} \qquad T = \frac{2\pi}{\omega}$ 이고, 보다 진자의 주기는

$$T = 2\pi\sqrt{\frac{I}{mgL}} \tag{14}$$

식(14)에서 중력가속도 g를 구하면

$$g = \frac{4\pi^2}{T^2}\frac{I}{mL}$$

이고, 반지름 R인 구의 회전 관성 모멘트는

$$I_{cm} = \frac{2}{5}mR^2$$

이다. 보다 진자는 회전축이 반지름 R인 구의 중심을 지나지 않으므로 평행축 정리를 적용해서 회전 관성 모멘트를 구하면 다음과 같다.

$$I = \frac{2}{5}mR^2 + m(L+R)^2$$

정리하면 물리진자의 경우에는 중력가속도 g는 다음과 같이 표현된다.

$$g = \frac{4\pi^2}{T^2}\left[(l + R) + \frac{2}{5}\frac{R^2}{(l + R)}\right] \tag{15}$$

식(15)에 진자의 주기 T, 철사의 길이 l, 구의 반지름 R을 측정하여 대입하면 단진자 모델을 이용한 것보다 정확한 중력가속도 g를 얻을 수 있다.

5-3 실험장치

① 보다 진자
② 초시계(휴대전화 초시계)
③ 줄자
④ 버니어캘리퍼

5-4 실험방법

보다 진자로 실험할 경우 실험 정밀도를 올리기 위해서 추걸이 부분의 진동 조건과 추를 매달은 전체 진자의 진동 조건이 같도록 추걸이를 먼저 조정해야 한다.

추걸이 부분에 의한 진자의 강제 진동 요소를 없애는 조정과정을 예비 실험이라 한다.

1. 예비 실험

① [그림 5.2]에서 받침대 A 위에 ㄷ자형 판 U를 올려놓고 나사 C_1, C_2, C_3를 조절하여 수평을 맞춘다.
② 추를 고정하기 위한 철사 고정나사 F를 풀어 추와 추걸이를 분리시키고, 추걸이만 과정 ①에 ㄷ자형 판 U 위에 있는 추걸이 홈에 놓는다.

③ 추걸이를 약간 흔들어 주고 10회 진동하는데 걸리는 시간을 측정해서 1번 진동하는데 걸리는 시간, 주기 T'을 계산한다.

④ 추를 매단 철사의 길이가 1 m 정도 되도록 하고, 철사를 추걸이 고정나사 F에 넣고 돌려서 잠근다..

⑤ 추의 진동 각도가 5° 이내가 되도록 한다..

⑥ 진동을 시키고 10회 진동시간을 측정하여 주기 T 를 계산한다.

⑦ 추걸이 진동에서 측정한 T'와 진자 진동에서 측정한 T 가 오차 범위안에서 같다면 본 실험을 한다. 틀릴 경우 추걸이에 균형을 위한 나사 d를 조정해서 추걸이 길이를 조정해서 추걸이 진동시간이 진자 진동시간과 같도록 조정하고 과정 ③에서 ⑦을 반복한다.

2. 본 실험

① 추를 진동시키고 주기를 측정하는데 진동 각도가 5도 이하로 해야한다. 210회 진동까지 매 10회마다 구간시간을 측정하여 표에 기록한다.

② 표에 각 구간별 시간 차이에서 10주기의 평균을 구하고, 이 평균을 10으로 나누어 주기 T 를 구한다.

③ 진자의 길이를 5회 측정하여 기록한다. 길이는 추의 중심에서 진동을 고정한 날까지의 거리다.

④ 추의 직경을 버니어캘리퍼로 5회 측정하여 평균값을 구하고 반으로 나누어 추의 반경 R 을 구한다.

⑤ 각 측정된 측정값으로 중력가속도를 계산한다.

예비보고서

실험제목 : 중력가속도 측정

실험일시		학 과		담당교수	
제출자	학 번	이 름	실 험 조	공동실험자	

1. 실험의 목적과 개요

2. 실험의 원리

3. 실험장치

4. 실험방법

결과보고서

실험제목 : 중력가속도 측정

실험일시		학 과		담당교수	
제출자	학 번	이 름	실 험 조	공동실험자	

1. 실험 결과 및 분석

1) 진자의 길이 및 진자의 반경 r

측정횟수	1	2	3	4	5	평 균
길이 l(cm)						
진자의 반경 r(cm)						

2) 진동 횟수 및 진동시간

횟 수	시각 t1(sec)	횟 수	시각 t2(sec)	시간 t2-t1=100T(sec)
0		110		
10		120		
20		130		
30		140		
40		150		
50		160		

횟 수	시각 t1(sec)	횟 수	시각 t2(sec)	시간 t2-t1=100T(sec)
60		170		
70		180		
80		190		
90		200		
100		210		

평균(100T) :

주기 T :

3) 중력가속도 계산

2. 토의 및 결론

Chapter

06 고체의 선팽창계수 측정

6-1 실험의 목적과 개요

일반적으로 물을 제외한 물체들은 온도가 올라가면 원자들의 진동 폭이 커져 모든 방향으로 팽창을 하게 된다. 물체의 팽창계수는 실제 자연환경에서 계절에 따른 온도 변화로 구조나 형태가 변해서 인공 건축물들의 안전에 문제가 될 수 있다. 따라서 온도에 따른 팽창과 수축 모델을 연구하고 이에 따른 변화를 고려해서 구조물을 설계함으로 계정에 영향을 안 받는 안전한 구조물을 만들 수 있다.

보통 물체는 3차원의 형태를 지니므로 부피가 있고 온도가 올라가면 부피 팽창을 한다. 또한, 두께가 매우 얇은 판의 경우 두께의 팽창이 아주 작아서 2차원 면팽창으로 볼 수 있으면 두께와 폭이 아주 작은 경우 1차원 선으로 선팽창을 한다.

이 실험에서는 두께나 폭보다 길이가 매우 긴 고체봉을 이용하여 온도변화에 따른 길이 변화를 측정하여 고체의 선팽창계수를 측정하고 고체 재료를 바꾸어 실험을 반복해서 재료에 따라서 선팽창계수가 어떻게 달라지는지 알아본다.

6-2 원 리

물을 제외한 일반적인 물체의 부피는 온도가 증가하면 부피도 증가한다. 물체의 부피가 온도에 따라 증가하는 것을 부피 팽창이라고 하고, 물체의 길이가 온도가 증가함에 따라 늘어나는 현상을 선팽창이라 한다.

물체의 팽창은 온도 T 의 함수로서 온도가 올라가면 물체의 부피도 같이 커지므로 온도가 T 일 때 고체의 길이는 식(1)과 같이 온도의 급수 형태로 표시한다.

$$l = l_o(1+\alpha T+\beta T^2+\gamma T^3+\cdot\cdot\cdot) \qquad (1)$$

이때 l_o 는 $T=0$℃에서의 고체의 길이이고 α, β, $\gamma\cdot\cdot\cdot$ 등은 물질의 종류에 따라 달라지는 상수들이다. 식 (1)에서 T^2 이상의 항은 β, γ, $\cdot\cdot$등은 α 와 비교하면 매우 작은 값들로 무시한다. 따라서 식 (1)을 간단히 정리하면 다음과 같다.

$$l = l_o(1+\alpha t) \qquad (2)$$

식 (2)에서 α는 다음과 같다.

$$\alpha = \frac{1-l_o}{l_o\ t} \qquad (3)$$

여기서 α를 선팽창계수라 부르고, 단위는 1/온도이고 이것은 단위길이 당, 단위온도변화 당 길이의 변화를 나타낸다. 고체의 경우 선팽창계수는 온도(℃)당 $\sim 10^{-5}$ 정도의 값을 갖는다.

식(3)은 0℃ 에서의 길이 l_0를 알고 있어야만 선팽창계수를 구할 수 있다. 0℃ 에서의 길이 l_0를 알아야 한다는 것은 실험에 많은 제약이 따르므로 식을 약간 변형하면 0℃ 에서의 길이 l_0를 몰라도 계산할 수 있다.

임의의 온도 T_1과 T_2일 때, 각각 길이 l_1과 l_2는 다음과 같다.

$$l_1 = l_0(1+\alpha T_1), \qquad l_2 = l_0(1+\alpha T_2)$$

비를 구하면 다음과 같다.

$$\frac{l_2}{l_1} = \frac{l_0(1+\alpha T_2)}{l_0(1+\alpha T_1)}$$

$$l_2 = (1+\alpha T_2)(1+\alpha T_1)^{-1}$$

$$l_2 \approx (1+\alpha T_2)(1-\alpha T_1 + \frac{1}{2}\alpha^2 T^2 + \cdot \cdot \cdot) \tag{4}$$

여기서 선팽창계수 α 는 아주 작은 값으로 제곱 이상의 항들은 무시할 수 있다.

$$l_2 = l_1[1+\alpha(T_2 - T_1)] \tag{5}$$

따라서 선팽창계수 α 는 다음과 같다.

$$\alpha = \frac{l_2 - l_1}{l_1(T_2 - T_1)} = \frac{\Delta l}{l_1 \Delta T} \tag{6}$$

따라서 온도 T_1 과 T_2 와 각 온도에서 시료의 길이 l_1 과 l_2 를 안다면 선팽창계수는 식(6)으로 구할 수 있다.

〈표 6.1〉에 몇몇 금속의 선팽창계수를 예시했다.

〈표 6.1〉 고체의 선팽창계수

고체의 선팽창계수 (x 10^{-5}/C)	
알루미늄(Al)	2.3
철(Fe)	1.33
구리(Cu)	1.65
은(Ag)	1.92
티타늄(Ti)	0.835
납(Pb)	2.91
금(Au)	1.42

6-3 실험장치

① 고체 선팽창계수 측정장치
② 증기발생기
③ 디지털 온도계
④ 비커, 자, 온도계(실온측정용)
⑤ 측정 시료(철, 구리 알루미늄 봉)

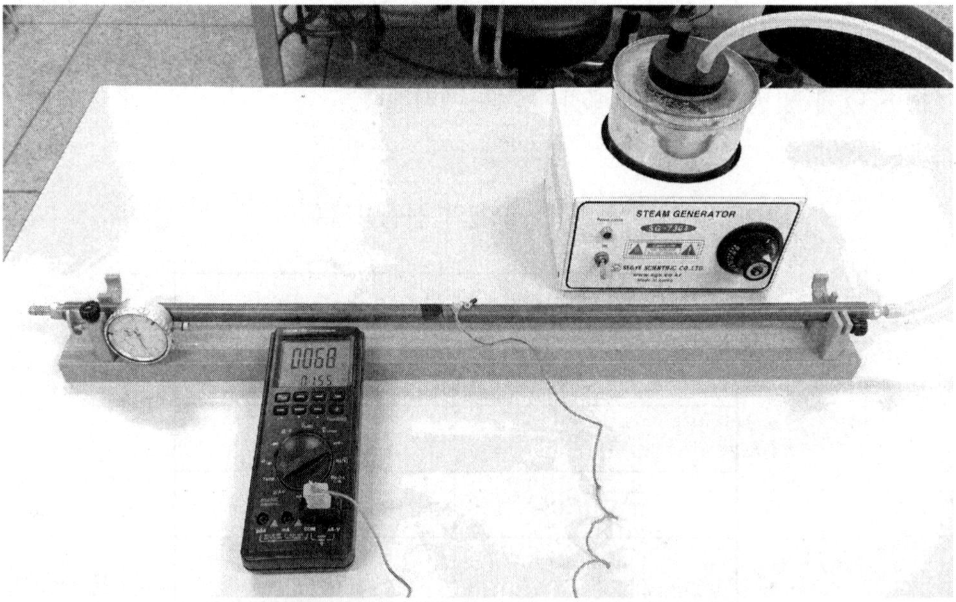

[그림 6.1] 선팽창계수 측정장치

6-4 실험방법

① 시료인 금속봉의 길이를 실온에서 mm 정도까지 측정하고 시료봉을 [그림 6.1]과 같이 측정장치에 장착시킨다. 길이 측정은 금속봉의 위치고정용 작은 막대 위치에서 마이크로미터 끝에 닿는 판판한 부분까지 길이를 측정한다.

② 선팽창 측정장치와 수증기 발생장치를 고무관으로 연결한다.

③ [그림 6.1]의 측정장치의 중앙(P)에 고정된 열전쌍을 확인하고, 리드선을 디지털 온도계에 연결한다,

④ 수증기 발생장치가 연결된 반대편에도 고무호스를 연결하고 비커로 넣어둔다. 실험을 시작하면 이곳에서 뜨거운 증기가 나오므로 주의해야 한다.

⑤ 막대를 가열하기 전의 온도 T_1 을 소수점 첫째 자리까지 읽고 마이크로미터를 돌려 0점을 맞추고 안에 작은 눈금 위치를 확인하고 기록한다.

⑥ 수증기 발생장치에 물을 약 2/3만큼 채워 스위치를 켠다.

⑦ 온도계의 눈금이 더 이상 변화하지 않으면 소수점 첫째자리까지 읽어 온도를 기록한다.

⑧ 마이크로 미터의 눈금을 읽어서 늘어난 길이를 기록한다. 식(6)을 이용하여 선팽창계수를 구한다.

⑨ 금속봉을 분리해서 물로 식힌 후 위의 방법을 5회 반복하여 평균을 내어 선팽창계수를 결정한다.

⑩ 다른 시료를 택하여 위의 실험을 반복한다.

** 시료봉과 수증기 발생장치의 온도는 매우 뜨거워서 화상을 입지 않도록 특히 주의하고, 장치를 만질 때는 반드시 내열 장갑을 사용한다.

예비보고서

실험제목 : 고체의 선팽창계수 측정

실험일시		학 과		담당교수	
제출자	학 번	이 름	실 험 조	공동실험자	

1. 실험의 목적과 개요

2. 실험의 원리

3. 실험장치

4. 실험방법

결과보고서

실험제목 : 고체의 선팽창계수 측정

실험일시		학 과		담당교수	
제출자	학 번	이 름	실 험 조	공동실험자	

1. 실험 결과 및 분석

1) 시료 1

	T_1	T_2	ΔT	L_1	ΔL	α
1						
2						
3						
4						
5						
평 균						

$$\alpha = \frac{\Delta l}{l_1 \times \Delta T} =$$

2) 시료 2

	T_1	T_2	ΔT	L_1	ΔL	α
1						
2						
3						
4						
5						
평 균						

$$\alpha = \frac{\Delta l}{l_1 \times \Delta T} =$$

3) 시료 3

	T_1	T_2	ΔT	L_1	ΔL	α
1						
2						
3						
4						
5						
평 균						

$$\alpha = \frac{\Delta l}{l_1 \times \Delta T} =$$

2. 토의 및 결론

Chapter

07 전기, 전자 소자의 특성과 사용법

7-1 실험의 목적과 개요

전자기기에 들어가는 소자는 종류도 많고 각 용도에 맞는 소자를 선택해서 사용해야 한다. 이 실험에서는 기본적인 전자 소자의 종류와 특징 그리고 간단한 사용법을 익힌다.

전자 소자의 가장 기본이 되는 저항을 사용하기 위해 저항 색 띠를 읽는 방법을 배우고, 저항의 직렬과 병렬연결에서 합성저항이 어떻게 바뀌는지 연결에 따른 관계를 계산하고 실험으로 확인한다.

7-2 원 리

1. 전자 소자의 종류와 기호

(1) 저 항

저항은 전자 소자 중에서 가장 기본이 되는 소자로 전자 회로에 가장 많이 쓰인다. 저항은 R로 표시하며 이것은 Resistor의 첫 글자다.

저항의 역할은 회로의 각 부분에 적당한 전류가 흐르도록 조절해서 다른 전자 소자들이 회로에서 제대로 동작할 수 있도록 도와준다. 저항은 전류의 흐름을 방해하는 소자로 같은 전압에서 저항이 크면 전류는 작아지고 저항이 작으면 전류 흐름은 커진다. [그림 7.1]에 회로도에서 표시하는 저항의 기호와 [그림 7.2]에 저항 사진이 있다.

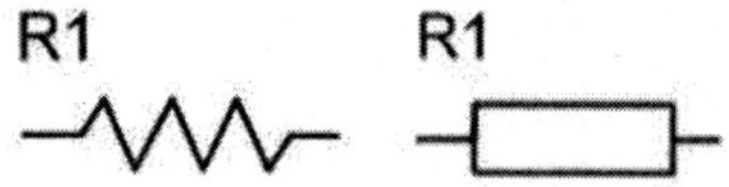

[그림 7.1] 회로의 저항기호

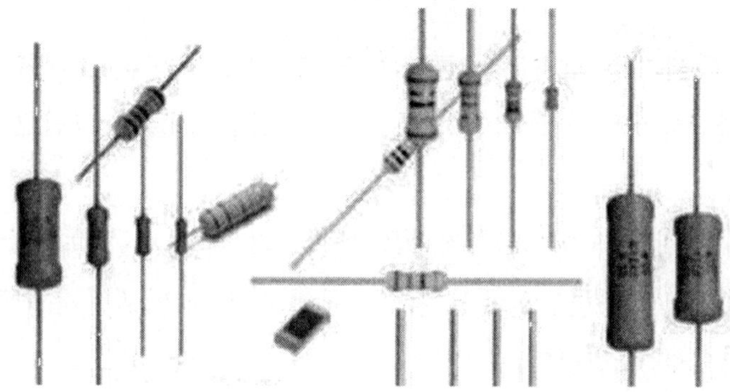

[그림 7.2] 저 항

(2) 가변저항

가변저항은 반고정 저항이라고 한다. 가변저항은 $0ohm$ 부터 가변저항 종류에 따라 수 $kohm$, 또는 수십 $kohm$까지 조정할 수 있다. 일반적으로 오디오에서 소리의 크기를 조절하는 다이얼이 반고정 저항이다.

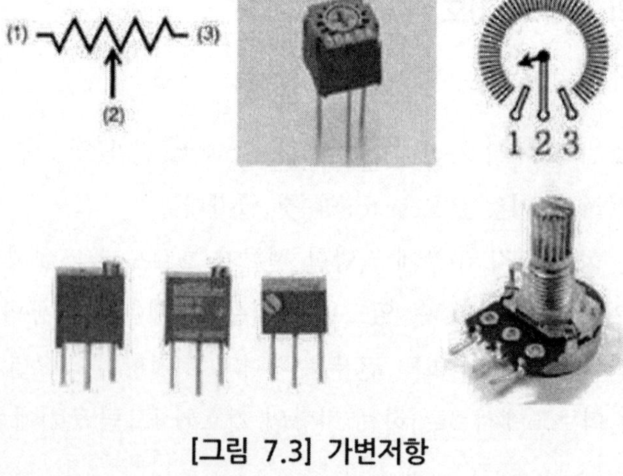

[그림 7.3] 가변저항

[그림 7.3]에 반고정 저항의 기호와 사진이 있다. 이 사진에서 아래 네모모양의 반고정 저항이 정밀 반고정 저항이다. 일반적인 반고정 저항은 약 300도 정도의 회전 범위에서 저항값을 조절하지만, 정밀 반고정 저항은 10바퀴 범위에서 저항값이 조정되어 매우 정밀하게 저항을 조절할 수 있다.

(3) 콘덴서(캐패시터)

콘덴서는 전기를 저장하는 아주 작은 축전지로 회로에서 전기를 공급하는 양을 조절한다. 콘덴서는 극성이 있는 것과 없는 것 두 종류가 있지만, 회로에서 역할은 같다. 일반적으로 용량이 큰 콘덴서는 모두 극성이 있다.

[그림 7.4]에 콘덴서 기호와 사진이 있다. 콘덴서는 C로 표시하며 이것은 Capacitor의 첫 글자다.

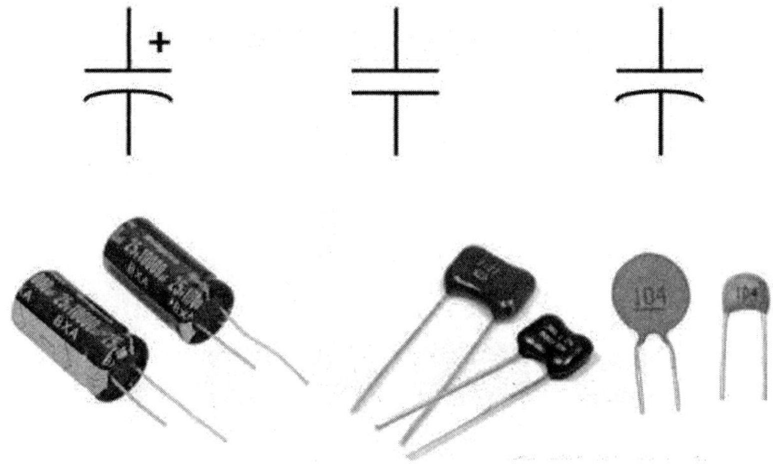

[그림 7.4] 콘덴서

(4) 트랜지스터

트랜지스터는 전기적 신호에 따라서 on – off 동작을 하는 전기 스위치로 가장 많이 사용된다. 또한, 입력된 작은 전류 신호를 증폭하는 특성이 있어서 용도에 따라 그 응용할 수 있는 용도가 많다.

트랜지스터는 구조에 다라 NPN형과 PNP형 두 종류가 있다. 또한 대전력제어를 위한 IGBT, FET등 용도에 따라 그 종류가 많다. [그림 7.5]에 트랜지스터 기호를 표시했고, [그림 7.6]은 여러 종류의 실제 트랜지스터 사진이다.

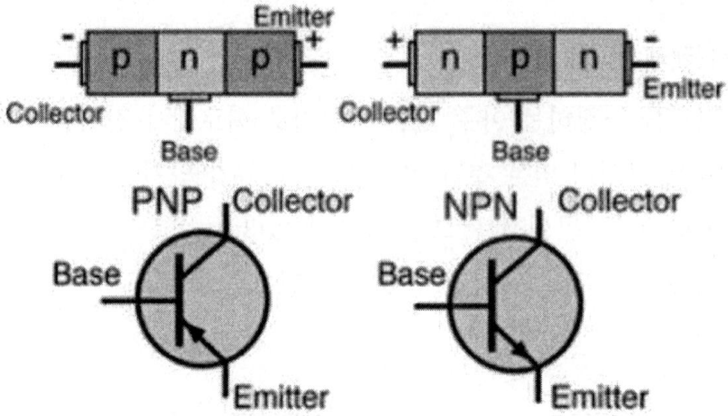

[그림 7.5] 트랜지스터 구조와 기호

[그림 7.6] 트랜지스터

(5) 다이오드

다이오드는 p형 반도체와 n형 반도체를 접합하여 만들어서 반도체 특성상 전류가 p형 반도체에서 n형 반도체로만 흐르기 때문에 다이오드에서는 전류가 한쪽으로만 흐른다.

또한 전류를 흐려주면 빛을 방출하는 발광다이오드 LED(Light Emitting Diode)가 있다. 반대로 빛이 들어오면 전류가 흐르는 포토다이오드가 있으며 그 외에 특정 전압에서는 역방향으로도 전류가 흐르는 제너다이오드, 순방향 특정 저전압에서 전류가 매우 잘 흐르는 터널링 다이오드 등 종류가 많다. 다이오드 기호와 실제 모양이 [그림 7.7]에 있다.

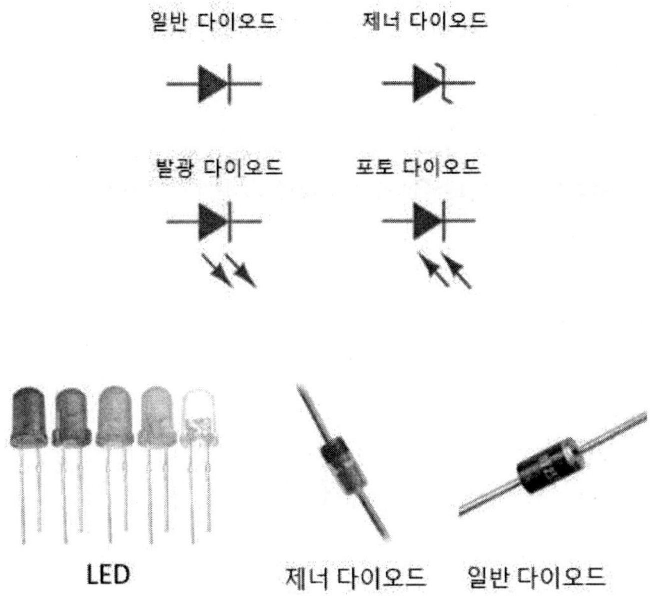

[그림 7.7] 다이오드 기호와 실제 모양

2. 저항 색 띠 읽는 법

일반적으로 저항은 색 띠로 저항값을 나타낸다. 색으로 저항을 표시하는 방법은 모두 4가지다.

일반저항은 3, 4색 띠가 베이지색 바탕에 표시되어 있고 정밀저항은 옅은 파란색 바탕에 5, 6색 띠로 표시한다. 정밀저항과 일반저항의 차이는 정밀저항이 저항값에 숫자 한자리를 더 표시한다. 만일 일반저항이 5.1 kΩ이면 정밀저항은 5.10 kΩ으로 0이 있는 한자리를 더 표시한다.

(1) 3, 4색 띠 저항 색을 읽는 방법

색은 저항을 수평으로 놓고 왼쪽에서 오른쪽으로 차례로 읽어 나간다. 만일 한쪽 끝에서 2자리를 읽었을 때 하나라도 숫자에 해당하는 색 띠가 아니면 오차 등으로 숫자에 대응하지 않는 색으로 방향을 바꾸어서 읽는다. 두 자리 숫자로 읽고 셋째 자리를 읽어 지수로 곱하면 된다. 넷째 색 띠는 오차다.

〈표 7.1〉 저항 색 띠 읽는 법

4색	첫째	둘째	지수	오차	
5색	첫째	둘째	셋째	지수	오차
검	0	0	$10^0/0$	$-/10^0$	-
갈	1	1	$10^1/1$	$\pm 1\%/10^1$	$\pm 1\%$
적	2	2	$10^2/2$	$\pm 2\%/10^2$	$\pm 2\%$
주	3	3	$10^3/3$	$-/10^3$	-
노	4	4	$10^4/4$	$-/10^4$	-
녹	5	5	$10^5/5$	$\pm 0.5\%/10^5$	$\pm 0.5\%$
청	6	6	$10^6/6$	$\pm 0.25\%/10^6$	$\pm 0.25\%$
자	7	7	$10^7/7$	$\pm 0.1\%/10^7$	$\pm 0.1\%$
회	8	8	$10^8/8$	$\pm 0.05\%/10^8$	$\pm 0.05\%$
흰	9	9	$10^9/9$	$\pm 1\%/10^9$	$\pm 1\%$
금	-	-	$10^{-1}/-$	$\pm 1\%/10^{-1}$	$\pm 1\%$
은	-	-	$10^{-2}/-$	$\pm 1\%/10^{-2}$	$\pm 1\%$

저항 색 띠를 읽는 예를 보자.

색 띠가 빨강, 검정, 빨강, 금색이면 첫째 띠는 2, 둘째 띠는 0, 셋째 띠는 2인데 셋째 띠는 지수이므로 10^2 이다. 따라서 $20 \times 10^2 = 2{,}000\,\Omega = 2k\Omega$ 이다.

넷째 자리 금색은 ±5% 오차를 의미한다. 3색 띠 저항은 4색 띠 저항과 똑같이 읽으며 넷째 색이 없으므로 오차만 없다.

(2) 5, 6색 띠 정밀저항 읽는 방법

저항의 방향을 구분하는 것은 3, 4색 띠 저항을 구분하는 방법과 같다. 정밀저항은 숫자를 표시하는 자릿수는 모두 세 자리고 6색 디 저항은 마지막 색 띠가 온도계수를 나타낸다. 5색 띠 저항은 온도계수표시만 없다.

예를 들면 왼쪽부터 색이 주황, 주황, 검정, 빨강, 은색인 저항이 있다면 첫째 띠는 3, 둘째 띠는 3, 셋째 띠는 0, 넷째 띠는 2인데 넷째 띠는 지수이므로 $10^2 = 100$ 이다. 따라서 $330 \times 10^2 = 33{,}000\Omega = 33k\Omega$ 이 된다. 다섯째 띠 은색은 ±10% 오차를 의미한다. 6색 띠 저항은 마지막에 온도계수를 표시하는 색이 더 있다.

3. 브레드보드 사용법

전기적 접촉 불량 없이 회로를 연결하고 또 쉽게 해체할 수 있도록 고안된 아주 편리한 장치가 브레드보드다. 브레드보드 내부 연결에 따라 전자부품의 리드선을 그대로 꽂아서 회로를 구성하면 된다.

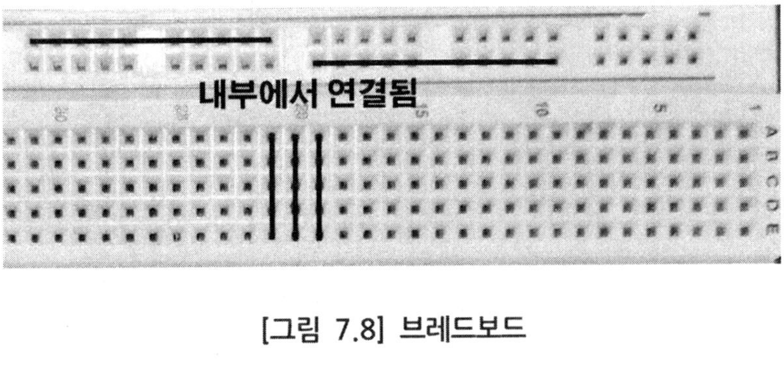

[그림 7.8] 브레드보드

브레드보드에 두 줄로 되어있는 부분은 [그림 7.8]에 가로 방향으로 내부에 결선이 되어있고, 다섯 줄로 구성된 부분은 그림에서 세로로 내부에 결선이 되어있다. 따라서 부품을 연결할 때는 방향에 따라 연결할 수 있는 방향과 연결하면 안 되는 방향이 있다. 이런 내부 결선 규칙을 따라서 부품을 연결하면 된다.

4. 저항의 직렬연결

저항을 직렬로 연결하면 연결된 저항의 합성저항 값은 각 저항을 더한 것과 같다. 이것은 직렬연결에서 전체 저항에 걸린 전압은 V 이고 각 저항에는 V_1, V_2, V_3 로 전체 전압이 저항값에 비례해서 분배된다.

$$V = V_1 + V_2 + V_3$$

따라서

$$V = V_1 + V_2 + V_3 = IR_1 + IR_2 + IR_3$$

$$= I(R_1 + R_2 + R_3) = IR_s$$

$$V = IR_s \qquad R_s = \frac{V}{I} = R_1 + R_2 + R_3$$

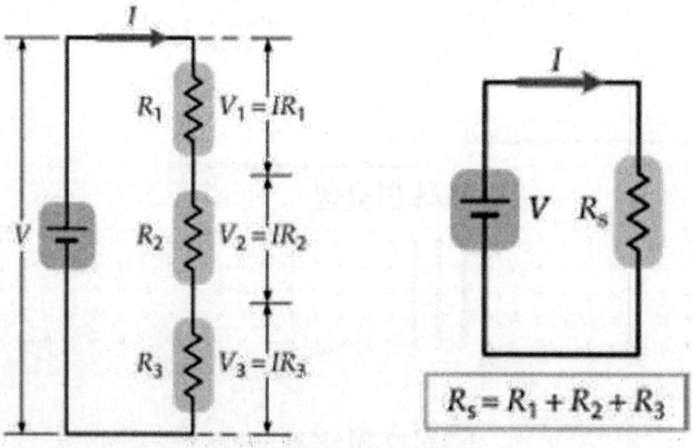

[그림 7.9] 저항의 직렬연결

5. 저항의 병렬연결

3개의 저항을 [그림 7.10]과 같이 병렬로 연결하면 회로가 3개가 되고 각 회로로 전류가 나누어져 흐른다. 즉 전류가 흐르는 경로가 3개로 늘어나서 전류는 더 많이 흐르게 되고 이것은 전체 저항이 줄어드는 효과를 만든다.

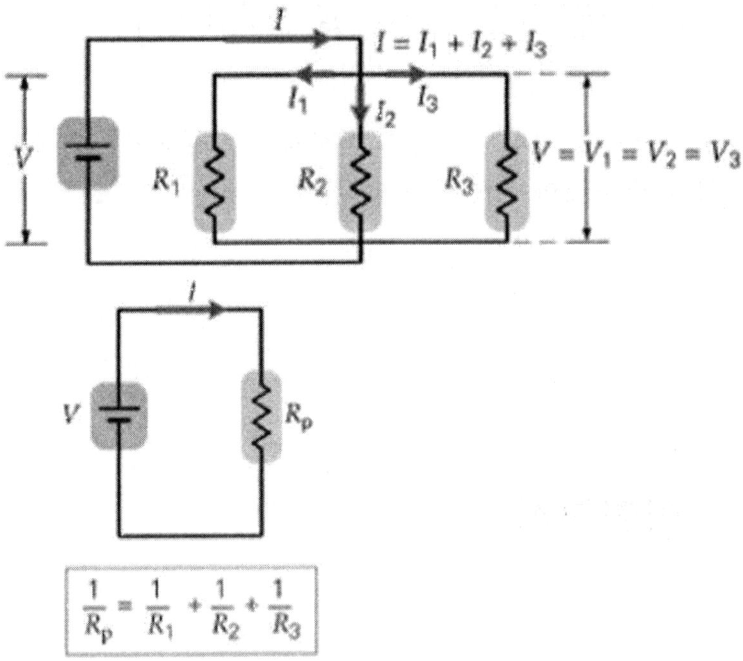

[그림 7.10] 저항의 병렬연결

이것을 식으로 표현하면

$$I = I_1 + I_2 + I_3 = \frac{V}{R_1} + \frac{V}{R_2} + \frac{V}{R_3}$$

$$\frac{V}{R_p} = V\left(\frac{1}{R_p}\right) = V\left(\frac{1}{R_1} + \frac{1}{R_2} + \frac{1}{R_3}\right)$$

$$\frac{1}{R_p} = \frac{1}{R_1} + \frac{1}{R_2} + \frac{1}{R_3}$$

따라서 병렬연결을 n개의 저항으로 일반화하면 합성저항은

$$\frac{1}{R_p} = \frac{1}{R_1} + \frac{1}{R_2} + \frac{1}{R_3} + \dots + \frac{1}{R_n} = \sum_{i}^{n} \left(\frac{1}{R_i} \right)$$

이 된다. 병렬연결에서는 병렬 연결된 각 회로에 같은 전압이 걸리기 때문에 전압은 일정하고 전류는 각 회로의 저항에 반비례한다.

7-3 실험장치

① DMM (Digital Multi-Meter)

② 브레드보드

③ 임의의 저항 10개 (색 띠 읽기용)

④ 저항 $1k\Omega$, $2k\Omega, 3k\Omega$(직렬, 병렬 합성저항 실험용)

7-4 실험방법

① 주어진 10개의 저항 색을 읽고 저항값을 표에 기록한다.

② 저항을 DMM을로 측정하여 표에 기록한다.

③ 오차를 다음식으로 계산하여 표에 기록한다.

$$오차(\%) = \left| \frac{측정값 - 읽은값}{읽은값} \times 100 \right|$$

④ 저항 3개를 선택하여 저항값을 읽고 DMM으로 측정하여 표에 기록한다.

⑤ 선택한 저항을 브레드보드에 직렬로 연결한다.

⑥ 직렬연결된 저항을 DMM으로 측정하고 기록한다.

⑦ 직렬저항을 계산해서 기록하고 측정값과 오차를 계산하고 기록한다.

⑧ 저항 3개를 선택하여 저항값을 읽고 DMM으로 측정하여 표에 기록한다.

⑨ 선택한 저항을 브레드보드에 병렬로 연결한다.

⑩ 병렬연결된 저항을 DMM으로 측정하고 기록한다.

⑪ 병렬저항을 계산해서 기록하고 측정값과 오차를 계산하고 기록한다.

예비보고서

실험제목 : 전기, 전자 소자의 특성과 사용법

실험일시		학 과		담당교수	
제출자	학 번	이 름	실 험 조	공동실험자	

1. 실험의 목적과 개요

2. 실험의 원리

3. 실험장치

4. 실험방법

결과보고서

실험제목 : 전기, 전자 소자의 특성과 사용법

실험일시		학 과		담당교수	
제출자	학 번	이 름	실 험 조	공동실험자	

1. 실험 결과 및 분석

1) 저항 측정

번 호	색	색오차	읽은값	측정값	오 차

2) 저항의 직렬연결

직렬연결	저항 1	저항 2	저항 3
읽은값			
측정값			
합성저항 (읽은값)			
합성저항 (읽은값 계산)			
오차 (읽은값)			
합성저항 (측정값)			
합성저항 (측정값 계산)			
오차 (측정값)			

3) 저항의 병렬연결

병렬연결	저항 1	저항 2	저항 3
읽은값			
측정값			
합성저항 (읽은값)			
합성저항 (읽은값 계산)			
오차 (읽은값)			
합성저항 (측정값)			
합성저항 (측정값 계산)			
오차 (측정값)			

2. 토의 및 결론

Chapter

08 디지털 멀티미터 사용법과 옴의 법칙

8-1 실험의 목적과 개요

전자회로에서 가장 기본이 되는 측정 장비인 디지털 멀티미터의 사용법을 배우고, 이를 이용한 전류와 전압을 측정하는 방법을 이해한다.

또한 전기에서 가장 중요한 옴의 법칙을 공부한다. 직렬회로와 병렬회로에서 각 회로에 흐르는 전류와 각 소자에 걸리는 전압이 어떻게 나타나는지 이해하고 측정법을 배운다.

8-2 원 리

1. 디지털 멀티미터 사용법

(1) 기 능

디지털 멀티미터를 간단히 DMM(Digital Multi-Meter)으로 쓴다.

DMM은 전기 전자 회로를 시험, 측정할 때 가장 많이 사용하는 측정기기로 저항, 전압, 전류측정을 할 수 있고 두 부분이 전기적으로 연결되어 있는지 도통 시험을 할 수 있는 측정 장비다. DMM의 가격에 따라 반도체 측정 기능, 콘덴서나 코일 측정 기능, 열전쌍을 연결해서 온도측정 기능 등이 있는 DMM이 있다.

(2) 도통 시험

도통 시험은 두 지점이 전기가 통하도록 연결되어 있는가를 시험하는 것이다. 도통 시험 선택 위치에 기능 선택 스위치를 놓고 시험한다. 리드선 빨간색은 전류, 전압, 저항을 측정하는 단자에 연결하고 검은색을 COM 단자에 연결한다. 먼저 두 리드선 탐침을 서로 연결하면 삐 소리가 나는데 DMM 동작을 확인하고 시험한다. 측정하려는 두 지점을 빨간색과 검은색 탐침을 연결하고 삐 소리가 나면 시험한 두 부분은 전기적으로 연결되어 있다.

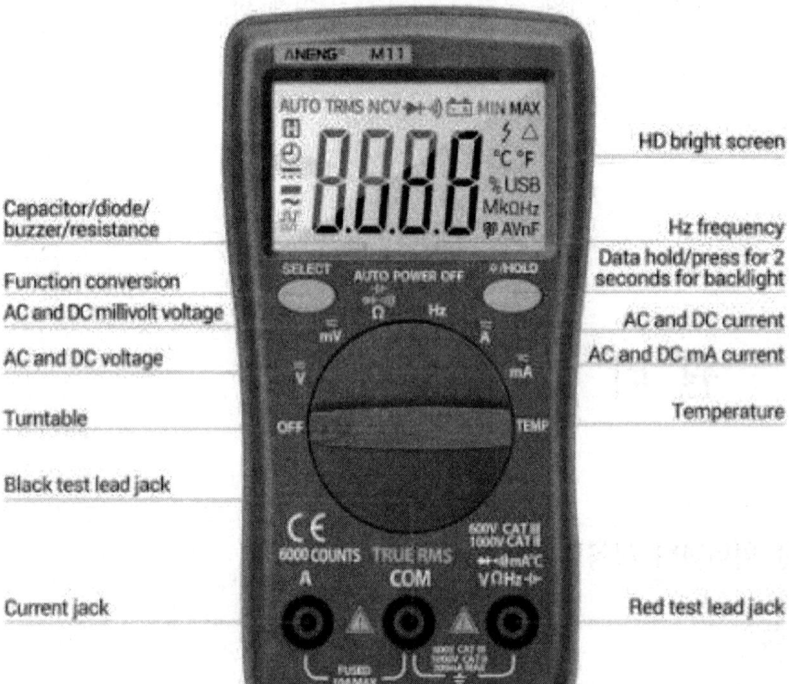

[그림 8.1] 디지털 멀티미터

(3) 저항 측정

리드선 연결은 빨간색 리드선은 DMM 아래의 부분에 저항을 전류, 전압, 저항을 측정하는 단자에 연결하고 검은색 리드선은 공통(COM) 단자에 연결한다.

측정선택 스위치를 제일 작은 저항을 측정하는 곳에서 측정을 시작한다. 만일 저항 측정값이 표시가 안 되면 측정하려는 저항이 현재 측정 위치보다 크므로 한 단계 높은 저항을 측정하는 곳으로 선택 스위치를 돌리고 측정값이 나올 때까지 한 단계씩 올리면서 측정한다. DMM에 따라서 측정 범위가 자동선택되는 것이 있다. 이것은 저항을 측정하는 선택 위치가 하나뿐이다.

저항을 측정할 때 주의할 점은 저항과 리드선 탐침을 동시에 손으로 잡아 접촉을 시도하면 안 된다. 우리 몸은 저항이 있고 우리 몸의 저항과 측정하려는 저항이 병렬로 연결되어 전혀 다른 측정값을 얻게 된다. 저항을 탐침으로 접촉하기 어려운 경우는 리드선 끝에 악어 클립이 달린 것을 사용하면 된다.

(4) 전압측정

전압은 직류와 교류에 따라 DMM 위치 선택 스위치의 위치가 달라진다. 직류와 교류를 자동 선택해서 측정하는 DMM도 있지만 보통 측정선택 스위치로 선택한다. 직류의 경우 일반적으로 빨간색은 +, 검은색은 －를 의미하고 전원장치나 DMM 리드선을 연결할 때 색을 구분해서 연결한다. 연결한다. 보통 DMM은 전압을 +, －로 표시하기 때문에 거구로 연결해도 측정이 되고 값이 －로 표시된다. 따라서 만일 측정전압이 －로 표시된다면 리드선에 걸린 전입의 －가 바뀐 것이다.

보통 DMM이 표시하는 교류전압은 RMS 값이다. 교류의 파형과 주파수에 따라 표시되는 RMS값은 오차가 있을 수 있다. 일반적으로 보통 DMM은 가정에 들어오는 사인파 60 Hz에 맞추어 있어서 주파수가 커질 경우 오차는 커진다. 또한 파형이 구형파나 삼각파일 때 RMS 오차는 40%까지 발생한다. 이 부분은 DMM 설명서를 참고한다.

(5) 전류측정

전류도 교류전류와 직류전류가 있고 측정 전에 종류를 확인하고 측정해야 한다.

전류측정을 하기 위해 회로에 전류계를 연결하려면 전류를 측정하려는 회로의 한 부분을 끊고 DMM을 연결한다. 직류의 경우 빨간색은 +에 검은색은 －에 연결해서 측정한다. 만일 측정값이 －가 나오면 전류의 방향이 반대인 것이다.

전류계는 내부저항이 아주 작아야 하므로 DMM을 전류 측정 단자에 놓고 회로에 병렬로 연결하면 DMM으로 많은 전류가 흘러서 DMM이 고장 난다. 이런 실수를 방지하려고 DMM에 보호용 퓨즈가 들어 있다. 만일 회로에 이상이 없는데 전류가 측정이 안 되면 퓨즈가 끊어진 것이다. 만일 실험 중에 퓨즈가 끊어지면 바로 교체해 놓는다.

저항은 작은 측정 영역에서 큰 측정 영역으로 이동하면서 측정했지만, 전류는 큰 측정 영역에서 작은 측정 영역으로 내려가면서 측정한다. 이것은 작은 측정 영역에서 큰 전류를 측정하려다가 퓨즈가 끊어지는 것을 막기 위해서이다.

2. 옴의 법칙

하나의 회로에 전압을 걸면 회로에 흐르는 전류는 그 회로의 저항에 반비례한다는 것이 옴의 법칙이다. 수식으로 표현하면 다음과 같다.

$$V = IR, \qquad I = \frac{V}{R}, \qquad R = \frac{V}{I}$$

[그림 8.2]는 회로에서 전압과 전류 사이의 관계를 나타낸 그림이다. 전류와 전압 그래프에서 직선의 기울기는 저항이 된다.

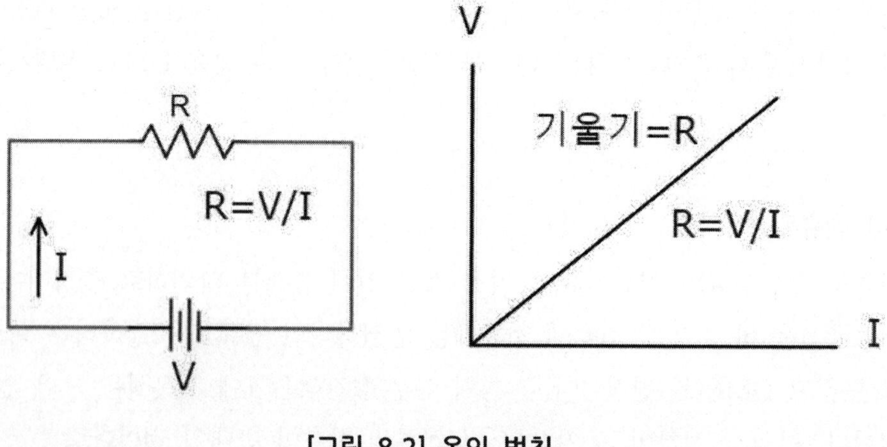

[그림 8.2] 옴의 법칙

8-3 실험장치

① 디지털 멀티미터
② 브레드보드
③ 전압조정이 가능한 직류 전원 장치
④ 저항 1kΩ, 5kΩ, 10kΩ,

8-4 실험방법

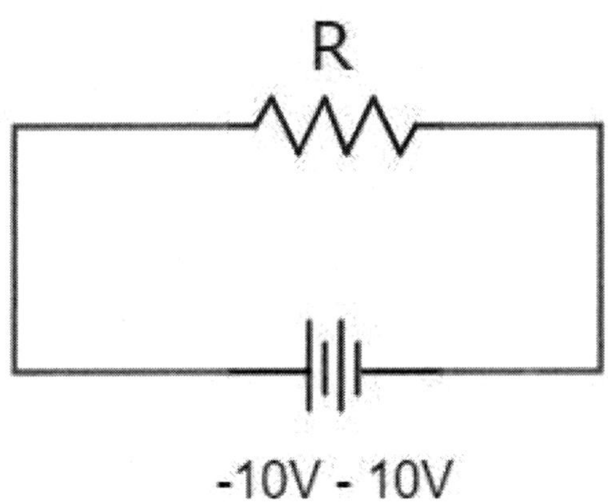

[그림 8.3] 옴의 법칙 실험 회로

① 먼저 1 kΩ 저항을 사용해서 [그림 8.3] 회로를 브레드보드에 연결한다.

② 전압계를 저항에 병렬로 연결하고 전류계를 회로에 직렬로 연결한다.

③ 전압을 0 V에서 1 V 간격으로 10 V까지 올리면서 전류를 측정하고 전압과 전류를 표에 기록한다.

④ 0V에서 −10 V까지 측정은 전원의 +와 −를 바꾸어 연결하고 1 V 간격으로 −10 V까지 올리면서 전류를 측정하고 전압과 전류를 표에 기록한다.

⑤ 저항을 5 kΩ과 10 kΩ으로 바꾸어서 같은 실험을 반복한다.

예비보고서

실험제목 : 디지털 멀티미터 사용법과 옴의 법칙

<table>
<tr><td>실험일시</td><td></td><td>학 과</td><td></td><td>담당교수</td><td></td></tr>
<tr><td rowspan="2">제출자</td><td>학 번</td><td>이 름</td><td>실 험 조</td><td colspan="2">공동실험자</td></tr>
<tr><td></td><td></td><td></td><td colspan="2"></td></tr>
</table>

1. 실험의 목적과 개요

2. 실험의 원리

3. 실험장치

4. 실험방법

결과보고서

실험제목 : 디지털 멀티미터 사용법과 옴의 법칙

실험일시		학　과		담당교수	
제출자	학　번	이　름	실 험 조	공동실험자	

1. 실험 결과 및 분석

1kΩ, 5kΩ, 10kΩ 저항에 대해 각각 표와 그래프를 작성하라.

1) 1kΩ

전압(V)	전류(mA)	저항(V/I)(Ω)
-10		
-9		
-8		
-7		
-6		
-5		
-4		
-3		
-2		
-1		
0		
1		
2		
3		

전압(V)	전류(mA)	저항(V/I)(Ω)
4		
5		
6		
7		
8		
9		
10		

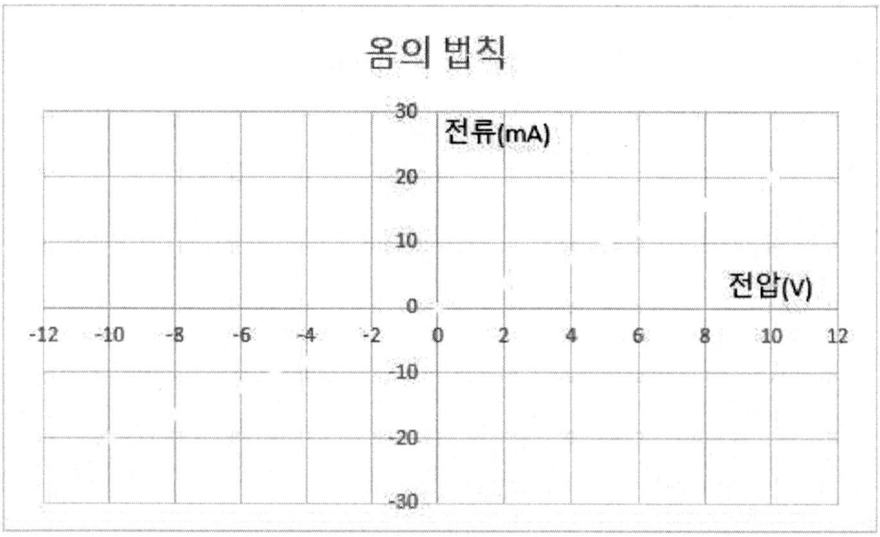

2) 5kΩ

전압(V)	전류(mA)	저항(V/I)(Ω)
-10		
-9		
-8		
-7		
-6		

전압(V)	전류(mA)	저항(V/I)(Ω)
-5		
-4		
-3		
-2		
-1		
0		
1		
2		
3		
4		
5		
6		
7		
8		
9		
10		

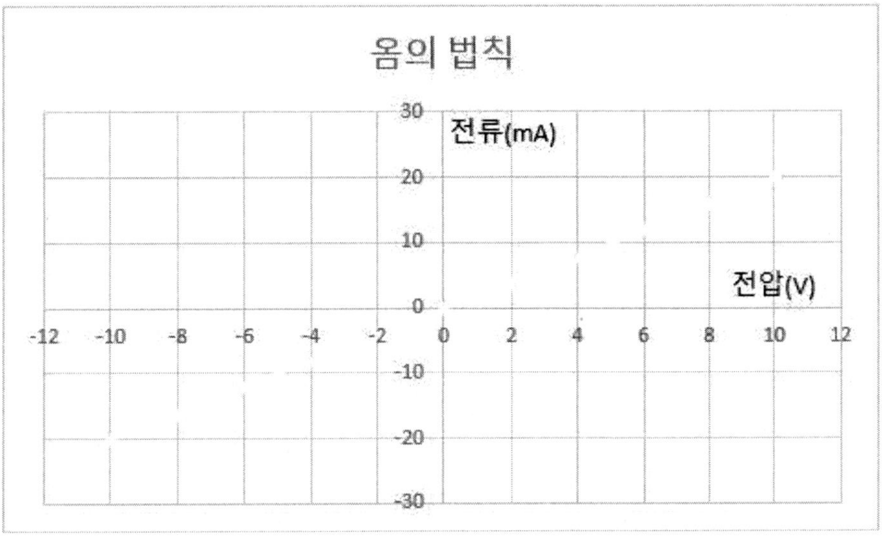

3) 10kΩ

전압(V)	전류(mA)	저항(V/I)(Ω)
-10		
-9		
-8		
-7		
-6		
-5		
-4		
-3		
-2		
-1		
0		
1		
2		
3		
4		
5		
6		
7		
8		
9		
10		

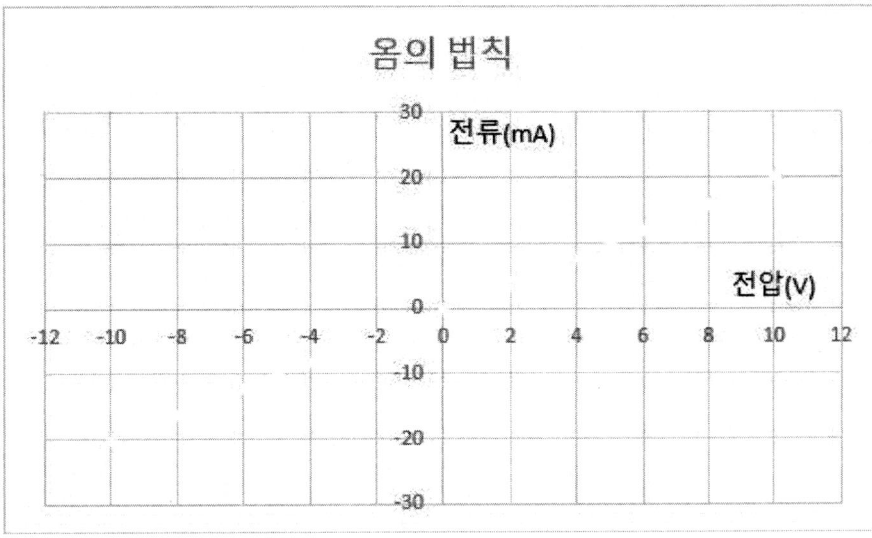

2. 토의 및 결론

Chapter

09 디지털 회로를 위한 트랜지스터 사용법

9-1 실험의 목적과 개요

트랜지스터는 아날로그 회로에서 디지털 회로로 넘어가는 결정적인 역할을 했던 소자다. 이 실험에서는 트랜지스터의 스위치특성을 이해하고 그 사용법을 공부한다.

9-2 원 리

1. SW ON - LED ON

트랜지스터는 p형 반도체와 n형 반도체를 접합해서 만든 반도체 소자다. 접합순서에 따라 npn형 트랜지스터와 pnp형 트랜지스터로 나뉜다.

npn 트랜지스터는 베이스 단자에 +를 걸어주어야 동작하고, 스위치된 전류는 컬렉터에서 에미터로 흐른다.

pnp 트랜지스터는 베이스에 - 를 걸어주어야 동작하고 전류는 에미터에서 컬렉터로 흐른다. 따라서 회로 구조에 따라 npn형이나 pnp형을 골라서 사용하면 된다.

[그림 9.1]에 NPN형 트랜지스터를 사용한 예를 나타냈다. 그림에서 SW를 ON하면 베이스에 + 전압이 걸리면서 컬렉터와 에미터 사이에 전류가 흐를 수 있는 상태가 되어 전류가 vcc에서 LED와 트랜지스터를 통해 GND로 흐르므로 LED가 점등된다.

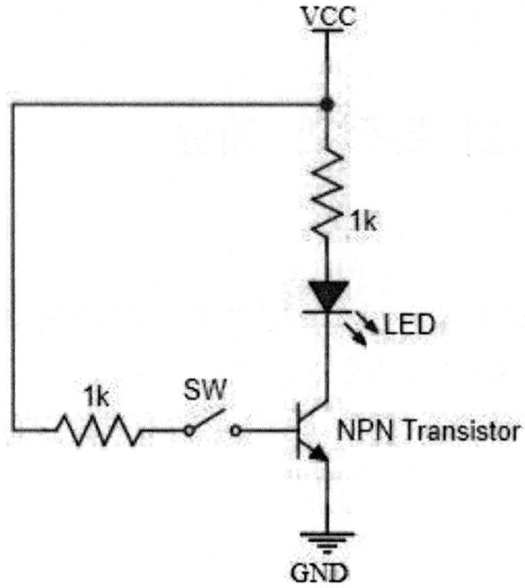

[그림 9.1] NPN형 트랜지스터 사용법 1

[그림 9.2]는 PNP형 트랜지스터를 사용한 예를 보여준다. 그림에서 SW를 ON하면 베이스가 -로 연결되어 vcc에서 베이스를 통해 작은 전류가 GND로 흐르게 되고 컬렉터에 -가 연결이 되어있어서 이미터에서 일부는 베이스로 전류가 흐르지만 이로 인해 컬렉터로 상대적으로 큰 전류가 흐를 수 있게 되어 LED가 점등된다.

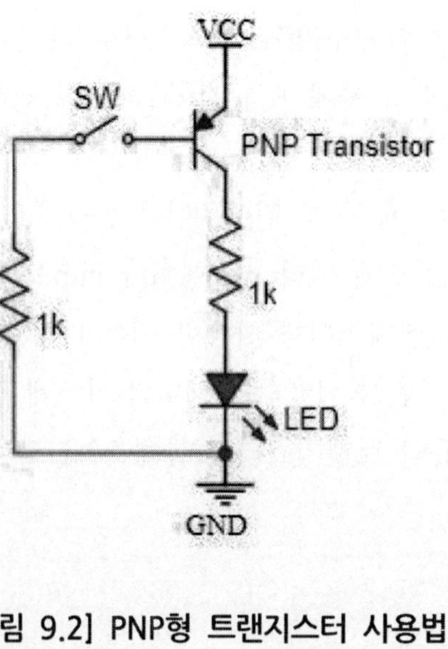

[그림 9.2] PNP형 트랜지스터 사용법 1

2. SW ON - LED OFF

이번에는 SW를 ON하면 LED가 꺼지고, SW를 놓으면 LED가 켜지는 스위치와 반대로 동작하는 회로를 만들자. 여기에서도 NPN형과 PNP형 모두를 생각하자.

동작 원리는 LED 내부저항이 트랜지스터가 ON 되었을 때보다 크므로 LED를 트랜지스터 컬렉터와 에미터 단자에 병렬로 연결하면 된다.

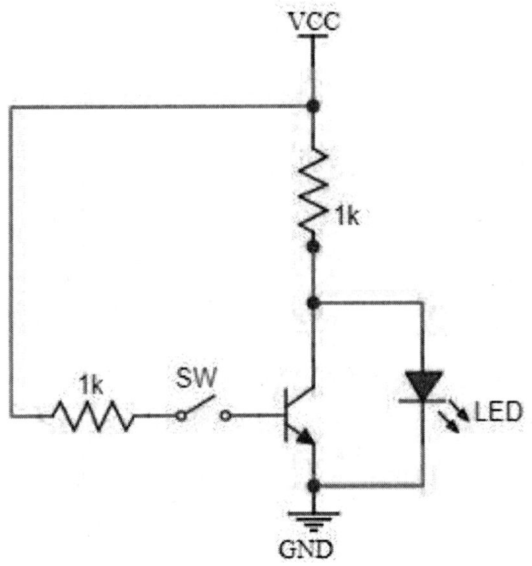

[그림 9.3] NPN형 트랜지스터 사용법 2

[그림 9.3]이 NPN형 트랜지스터를 이용한 SW가 OFF 상태에서 LED가 켜지고, SW가 ON 상태에서 LED가 꺼지는 회로다. SW가 OFF 일 때 트랜지스터 베이스에 전압이 안 걸리고, 컬렉터와 에미터 사이는 OFF 상태가 되어 전류가 흐를 수 없다. 따라서 전류는 vcc 에서 저항을 통해 LED로 흐르게 되어 LED가 켜진다.

SW가 ON 일 때 트랜지스터 베이스에 전압이 가해지고 컬렉터와 에미터 사이에 전류가 흐를 수 있는 상태가 되어 전류는 vcc에서 저항을 통해 트랜지스터를 지나 GND로 흐른다. 이때 LED의 임피던스가 트랜지스터의 ON 일 때 임피던스보다 매우 크므로 거의 모든 전류가 트랜지스터를 통해서 흐르고 LED를 켤 수 있을 만큼의 전류가 흐르지 않아 LED는 점등되지 않는다.

[그림 9.3] 회로는 개념을 설명하기 위한 회로로 실제 사용하지 않는다. 그 이유는 LED OFF 전류가 너무 커서 에너지 손실이 크기 때문이다. 이 문제를 해결하기 위해서는 트랜지스터를 2개 사용하면 간단히 해결된다.

[그림 9.4]에 그 해결방법이 있다. 회로를 보면 스위치가 꺼졌을 때 TR1도 OFF가 되어 TR2 베이스에 + 전압이 걸리게 된다. 따라서 TR2가 ON 되고 LED에 전류가 흘러서 LED가 점등된다.

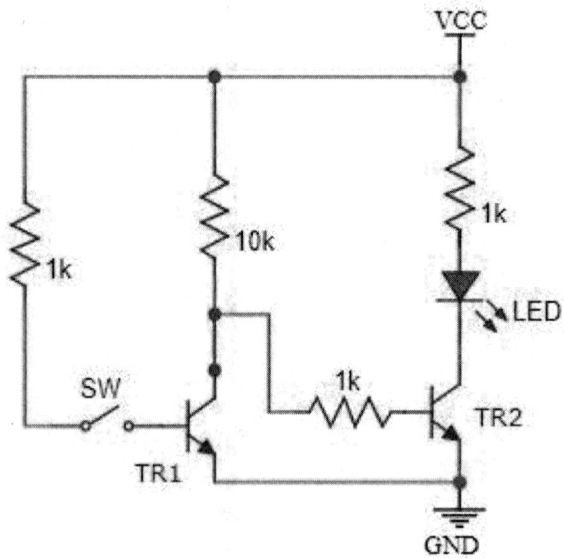

[그림 9.4] NPN형 트랜지스터 사용법 3

스위치가 ON 되면 TR1이 ON 되고, TR2 베이스는 0V가 되기 때문에 TR2가 OFF 되어 LED가 꺼지게 된다. 이때 TR1을 통해 흐르는 전류는 10kΩ 저항을 통해 흐르기 때문에 5V 전원을 사용한다면 5mA 전류가 흐른다.

스위치 OFF시 10kΩ 저항을 통해 TR2 베이스에 전류가 TR2를 ON 시키기 위한 최소전류만 흐르면 되므로 이 저항을 더 큰 저항으로 바꾸면 OFF 전류 소모를 더 줄일 수 있다.

PNP형 트랜지스터를 사용한 경우는 [그림 9.5]에 있다. 이 경우도 실제 사용할 수 있는 회로는 [그림 9.6]에 있다.

이 경우 스위치 구동부는 PNP형 트랜지스터를 사용하고 LED 점등부는 NPN형 트랜지스터를 사용했다.

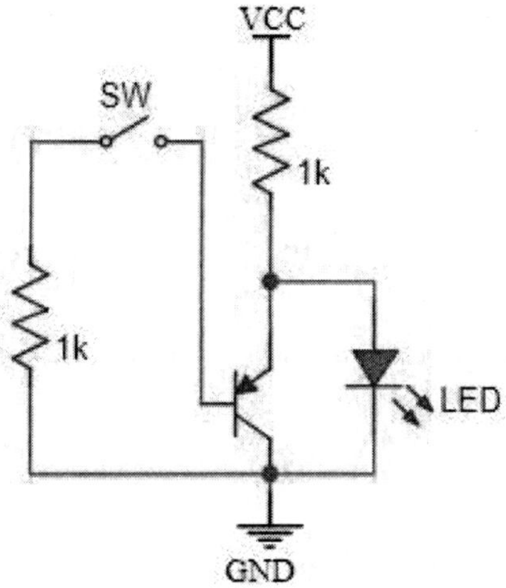

[그림 9.5] PNP형 트랜지스터 사용법 2

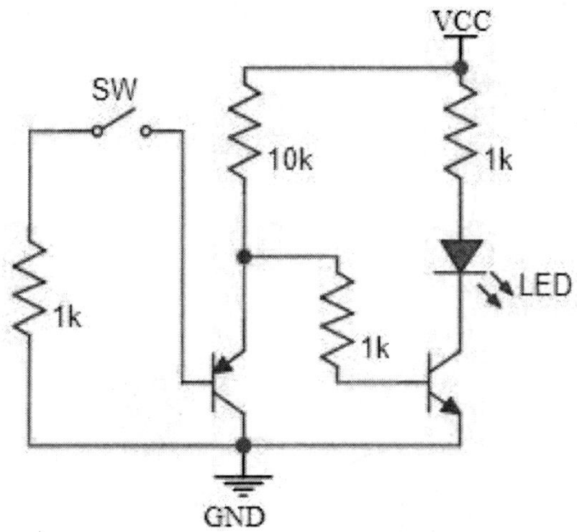

[그림 9.6] PNP형 트랜지스터 사용법 3

9-3 실험장치

① 전원장치 5V
② 브레드보드
③ DMM(Digital Multimeter)
④ 2N2222 NPN 트랜지스터, 2N2907 PNP 트랜지스터
⑤ LED
⑥ 100kΩ 가변저항
⑦ 220Ω, 560Ω, 1kΩ, 10kΩ 저항

9-4 실험방법

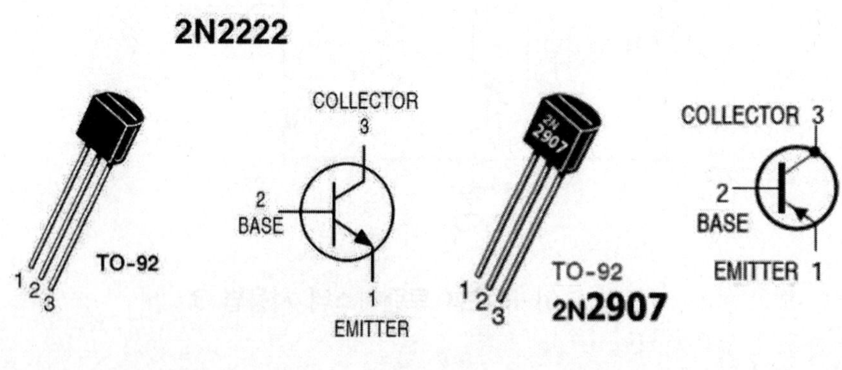

[그림 9.7] 트랜지스터 핀 정의

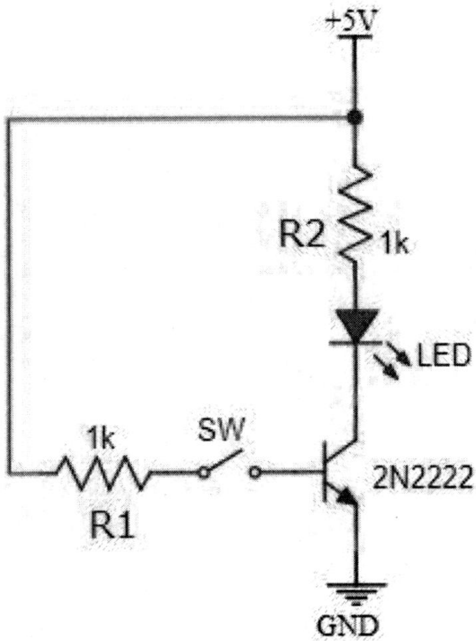

[그림 9.8] 실험회로 1

① [그림 9.8]의 실험회로를 브레드보드에 연결한다. 이때 트랜지스터는 핀이 3개가 있어 회로를 연결할 때 트랜지스터 핀을 정확하게 연결하도록 주의한다. 핀 정의는 [그림 9.7]에 있다.

② 5V 전원을 연결하고 스위치를 on, off 할 때 이에 따라 LED가 on off 동작을 제대로 하는지 확인하고 동작을 표에 기록한다.

③ R2 저항을 220 Ω, 560 Ω, 1 kΩ, 10 kΩ 으로 바꾸면서 LED 밝기를 비교하고, 용도에 맞는 저항을 선택하고, 그 이유를 기록한다. LED 밝기는 1에서 10로 표시한다.

④ [그림 9.9] 실험회로 2를 브레드보드에 연결한다.

⑤ 이때 저항 R3는 실험방법 ③에서 선택한 저항을 사용한다.

⑥ 5V 전원을 연결하고 스위치를 on, off 할 때 이에 따라 LED가 off on 역동작을 제대로 하는지 확인하고 동작을 표에 기록한다.

⑦ R3를 220 Ω으로 바꾸고 R2 저항을 100 kΩ 반고정 저항으로 바꾼다.

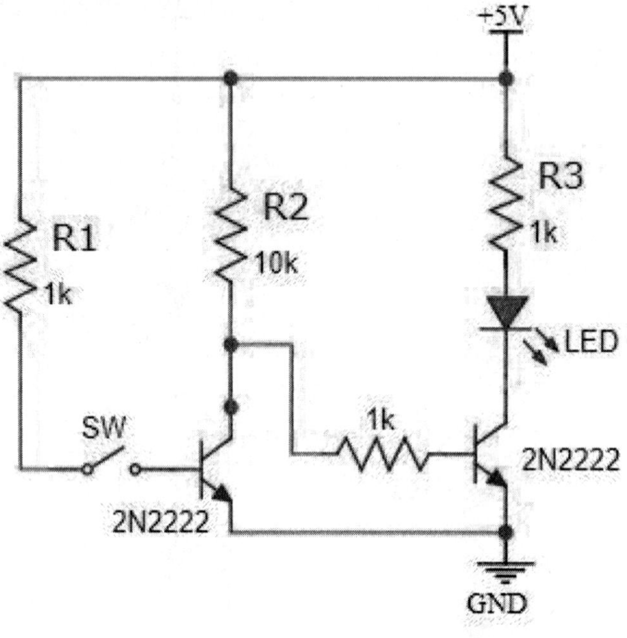

[그림 9.9] 실험회로 2

⑧ 스위치가 off 상태에서 반고정 저항을 조정해서 LED가 점등되는 위치를 찾는다.

⑨ 반고정 저항을 분리해서 저항을 측정하고 표에 임계저항값을 기록한다.

⑩ 다시 반고정 저항을 연결하고 LED 밝기가 더는 밝아지지 않는 부분을 찾는다.

⑪ 반고정 저항을 분리해서 저항을 측정하고 표에 기록한다.

⑫ [그림 9.10] 실험회로 3을 브레드보드에 연결한다.

⑬ 이때 저항 R2는 실험방법 ③에서 선택한 저항을 사용한다.

⑭ 5V 전원을 연결하고 스위치를 on, off 할 때 이에 따라 LED가 on off 동작을 제대로 하는지 확인하고 동작을 표에 기록한다.

⑮ [그림 9.11] 실험 회로 4를 브레드보드에 연결한다.

⑯ 저항 R3는 실험방법 ③에서 선택한 저항을 사용한다.

⑰ 5V 전원을 연결하고 스위치를 on, off 할 때 이에 따라 LED가 off on 역동작을 제대로 하는지 확인하고 동작을 표에 기록한다.

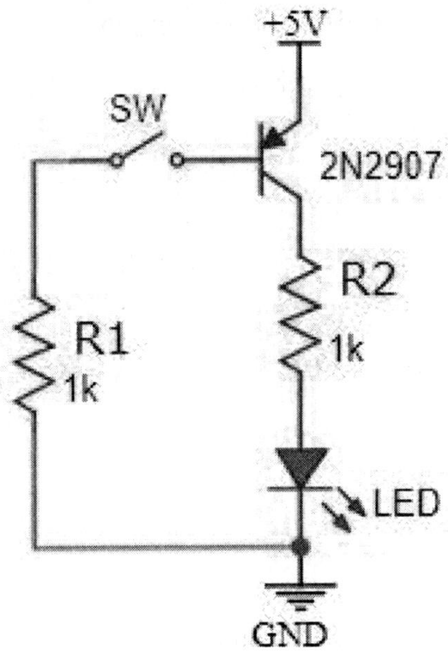

[그림 9.10] 실험회로 3

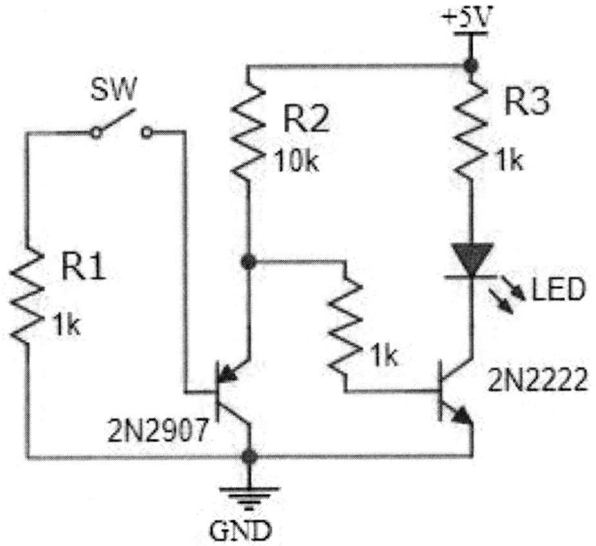

[그림 9.11] 실험회로 4

⑱ R3를 220Ω으로 바꾸고 R2 저항을 100kΩ 반고정 저항으로 바꾼다.

⑲ 스위치가 off 상태에서 반고정 저항을 조정해서 LED가 점등되는 위치를 찾는다.

⑳ 반고정 저항을 분리해서 저항을 측정하고 표에 임계저항값을 기록한다.

㉑ 다시 반고정 저항을 연결하고 LED 밝기가 더는 밝아지지 않는 부분을 찾는다.

㉒ 반고정 저항을 분리해서 저항을 측정하고 표에 기록한다.

예비보고서

실험제목 : 디지털 회로를 위한 트랜지스터 사용법

실험일시		학 과		담당교수	
제출자	학 번	이 름	실 험 조	공동실험자	

1. 실험의 목적과 개요

2. 실험의 원리

3. 실험장치

4. 실험방법

결과보고서

실험제목 : 디지털 회로를 위한 트랜지스터 사용법

실험일시		학 과		담당교수	
제출자	학 번	이 름	실 험 조	공동실험자	

1. 실험 결과 및 분석

1) NPN 트랜지스터 동작

SW	LED
OFF	
ON	

2) LED 밝기

저 항	220Ω	560Ω	1kΩ	10kΩ
LED 밝기				

3) NPN 트랜지스터 역동작

SW	LED
OFF	
ON	

4) NPN 트랜지스터 동작점 찾기

TR ON 베이스 임계저항	TR ON 베이스 사용저항

5) PNP 트랜지스터 동작

SW	LED
OFF	
ON	

6) PNP 트랜지스터 역동작

SW	LED
OFF	
ON	

7) PNP 트랜지스터 동작점 찾기

TR ON 베이스 임계저항	TR ON 베이스 사용저항

2. 토의 및 결론

Chapter

10 트랜지스터를 이용한 AND OR 논리 회로

10-1 실험의 목적과 개요

트랜지스터의 스위치특성을 이용하면 스위치 조합으로 논리 회로를 만든 것과 같이 반도체 논리 소자를 만들 수 있다.

이 실험에서는 논리 구조를 이해하고 논리 구조를 스위치로 구현하는 방법을 이해하고 실제로 사용 가능한 AND와 OR 논리 회로를 트랜지스터를 이용해서 만든다.

10-2 원 리

논리는 참과 거짓으로 나누며 이것을 디지털로 표현하면 참은 1, 거짓은 0이다. 또한 디지털 회로에서는 기준이 +5V로 (요즘은 저전력 소자들은 3.3V를 사용한다) 참=1=+5V, 거짓=0=0V를 의미한다.

1. AND 논리

AND 논리 회로는 입력이 모두 참(1)일 때만 참(1)을 출력하고, 그 외에는 모두 거짓(0)을 출력한다. 그 논리표는 〈표 10.1〉에 있다.

이것을 스위치 회로로 만들면 [그림 10.1]과 같다. 회로에서 스위치 A와 B를 모두 ON(1) 해야 Q가 1로 LED가 점등된다. 그 외에는 스위치 A와 B 중 하나라도 OFF(0)이면 회로가 끊어져서 Q는 0으로 LED가 점등되지 않는다.

〈표 10.1〉 AND 논리표

입 력		출 력
A	B	Q
0	0	0
1	0	0
0	1	0
1	1	1

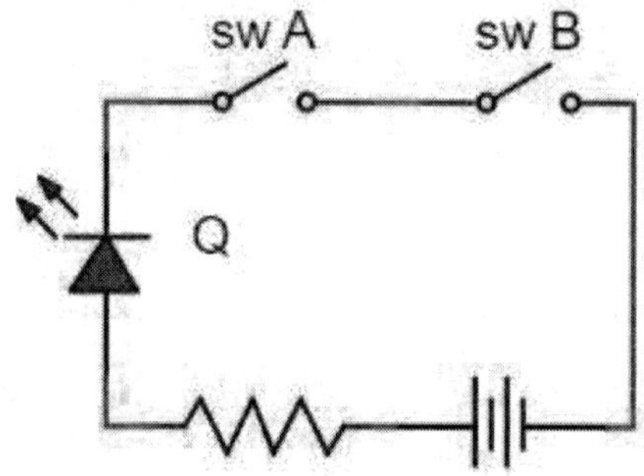

[그림 10.1] 스위치로 만든 AND 회로

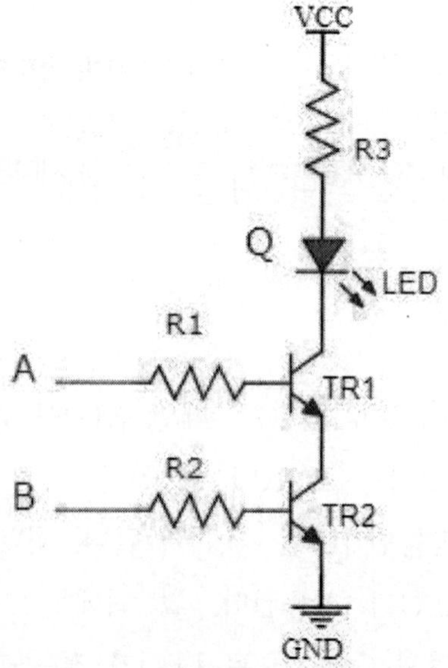

[그림 10.2] 트랜지스터로 만든 AND 회로

[그림 10.1]에서 스위치를 트랜지스터로 바꾸면 AND 논리 회로를 만들 수 있다. 이렇게 만든 것이 [그림 10.2]에 있다.

[그림 10.1]에서 스위치 A와 B를, [그림 10.2]에서는 TR1과 TR2로 바꾼 것뿐이다. 이렇게 하면 A, B에 0V 또는 5V를 걸면 이 회로는 AND 논리표대로 동작한다.

2. OR 논리

OR 논리 회로는 두 입력 중 하나라도 참(1)이면 참(1)을 출력하고, 둘 다 거짓(0)일 때만 거짓(0)을 출력한다. 그 논리표는 〈표 10.2〉에 있다.

〈표 10.2〉 OR 논리표

입 력		출 력
A	B	Q
0	0	0
1	0	1
0	1	1
1	1	1

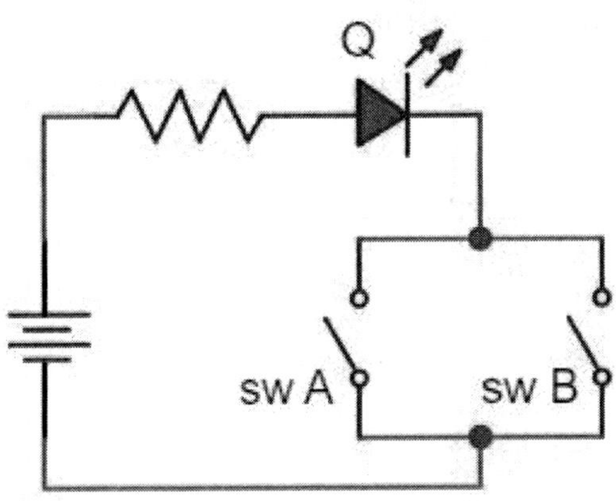

[그림 10.3] 스위치로 만든 OR 회로

이것을 스위치 회로로 만들면 [그림 10.3]과 같다. 회로에서 스위치 A와 B 중 하나가 ON(1)이면 Q가 1로 LED가 점등된다. 그리고 스위치 A와 B 모두가 OFF(0)이면 회로가 끊어져서 Q는 0으로 LED가 점등되지 않는다.

앞에서와 마찬가지로 [그림 10.3]에서 스위치를 트랜지스터로 바꾸면 OR 논리 회로를 만들 수 있다. 이렇게 만든 것이 [그림 10.4]에 있다.

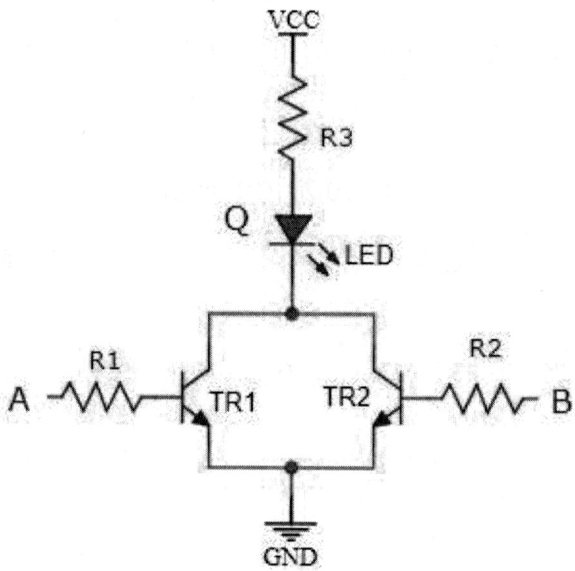

[그림 10.4] 트랜지스터로 만든 OR 회로

[그림 10.3]에서 스위치 A와 B를 [그림 10.4]에서는 TR1과 TR2로 바꾼 것뿐이다. 이렇게 하면 A, B에 0V 또는 5V를 걸면 이 회로는 OR 논리표 대로 동작한다.

10-3 실험장치

① 전원장치 5V
② 브레드보드
③ 2N2222 NPN 트랜지스터
④ LED
⑤ 1kΩ 저항

10-4 실험방법

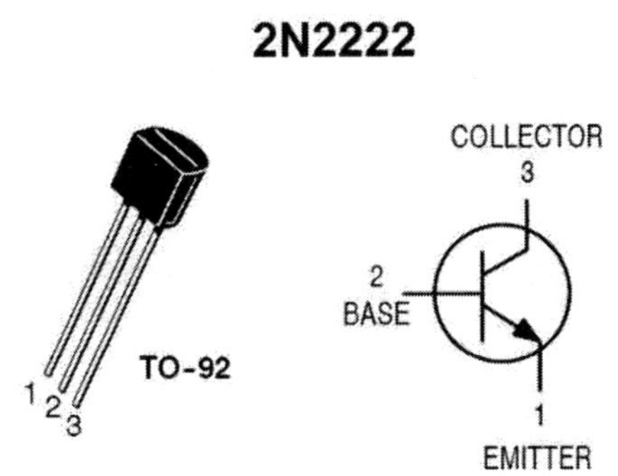

[그림 10.5] 트랜지스터 2N2222 핀

① [그림 10.6]의 AND 실험 회로를 브레드보드에 연결한다. 이때 트랜지스터는 핀이 3개가 있어 회로를 연결할 때 트랜지스터 핀을 정확하게 연결하도록 주의한다. 핀 정의는 [그림 10.5]에 있다.

② A, B 입력단자에 +5V와 0V를 논리표 순서대로 걸고 출력 Q, 즉 LED 점등 여부를 표에 기록한다.

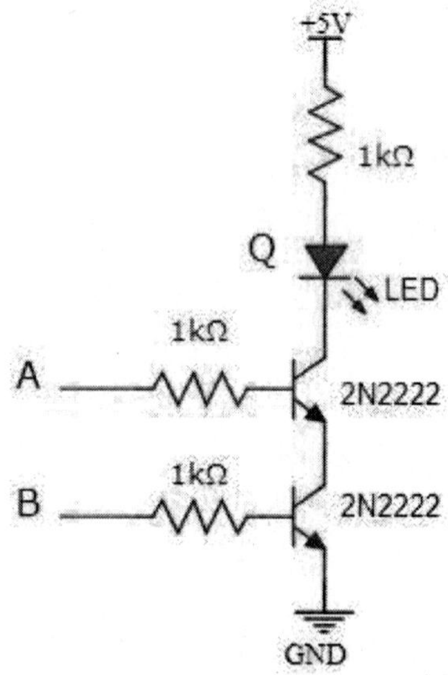

[그림 10.6] AND 논리실험 회로

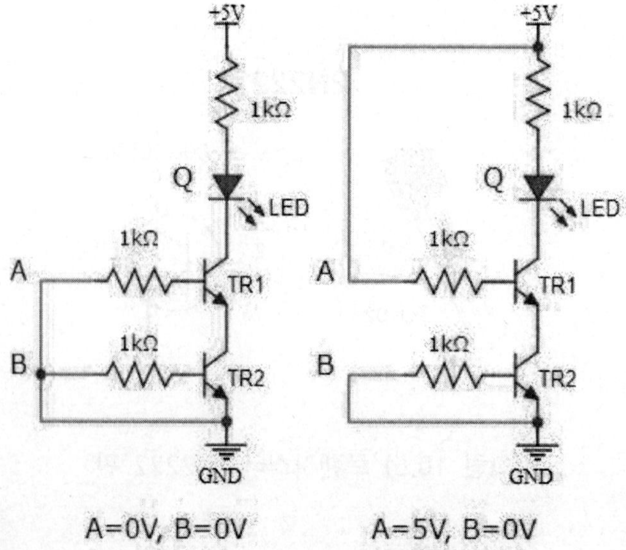

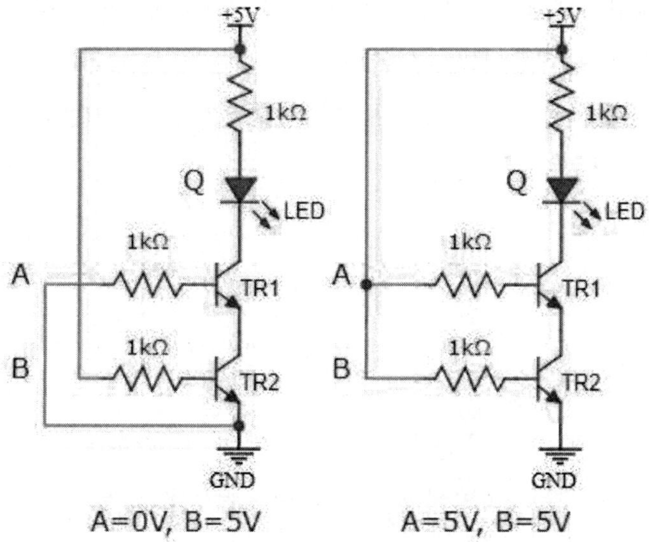

[그림 10.7] AND 회로 A, B 입력에 +5V 또는 0V 거는 방법

③ A, B 입력단자에 +5V와 0V를 거는 방법은 [그림 10.7]에 있다.

④ [그림 10.8]의 OR 실험 회로를 브레드보드에 연결한다. 이때 트랜지스터는 핀이 3개가 있어 회로를 연결할 때 트랜지스터 핀을 정확하게 연결하도록 주의한다.

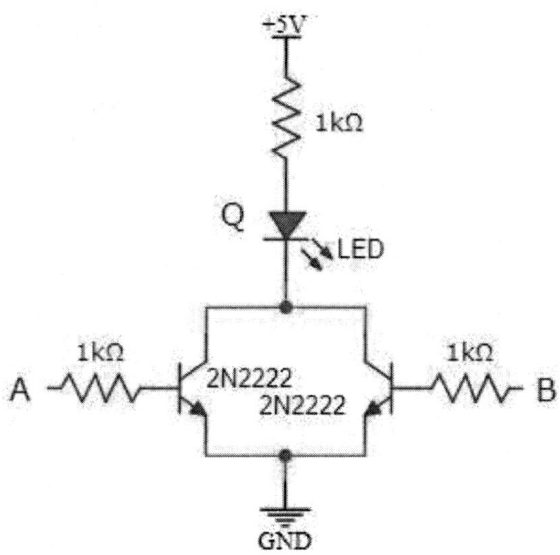

[그림 10.8] OR 논리 실험 회로

⑤ A, B 입력단자에 +5V와 0V를 논리표 순서대로 걸고 출력 Q, 즉 LED 점등 여부를 표에 기록한다.

⑥ A, B 입력단자에 +5V와 0V를 거는 방법은 [그림 10.9]에 있다.

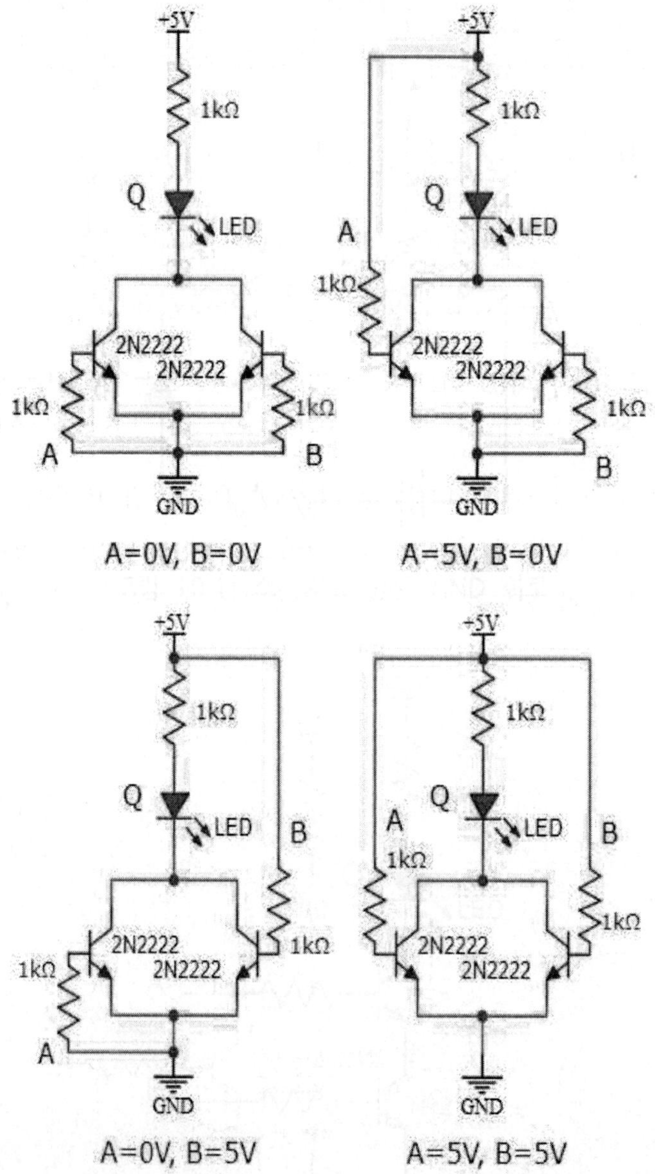

[그림 10.9] OR 회로 A, B 입력에 +5V 또는 0V 거는 방법

예비보고서

실험제목 : 트랜지스터를 이용한 AND OR 논리 회로

실험일시		학 과		담당교수	
제출자	학 번	이 름	실 험 조	공동실험자	

1. 실험의 목적과 개요

2. 실험의 원리

3. 실험장치

4. 실험방법

결과보고서

실험제목 : 트랜지스터를 이용한 AND OR 논리 회로

실험일시		학 과		담당교수	
제출자	학 번	이 름	실 험 조	공동실험자	

1. 실험 결과 및 분석

1) AND 논리 실험

입 력		출 력
A	B	Q
0 V	0 V	
5 V	0 V	
0 V	5 V	
5 V	5 V	

① 트랜지스터를 이용해서 만든 AND 논리 회로의 동작을 점검하라.

② 만일 입력 A, B에 2단 ON-OFF 스위치를 달아서 +5 V와 0 V를 바꾸어 입력하려면 어떻게 회로를 구성해야 하는지 생각해보고 실험으로 입증하라.

③ 회로에서 R1, R2, R3 역할을 생각하고 어떤 저항값을 어떻게 선택할 것인지 생각해보고 실험으로 최적 저항값을 선택하는 방법에 대해 논의하고 실험으로 입증하라.

2) OR 논리 실험

입 력		출 력
A	B	Q
0 V	0 V	
5 V	0 V	
0 V	5 V	
5 V	5 V	

① 트랜지스터를 이용해서 만든 OR 논리 회로의 동작을 점검하라.

2. 토의 및 결론

Chapter

11 트랜지스터를 이용한 NAND NOR 논리 회로

11-1 실험의 목적과 개요

NAND Gate와 NOR Gate는 Not + AND Gate와 Not + OR Gate를 말한다. 즉 AND와 OR Gate 앞에 Not이 붙어 있고 이것은 AND와 OR Gate와 반대로 동작한다. 즉 AND Gate 출력이 0이면 NAND Gate 출력은 1이 되고 AND Gate 출력이 1이면 NAND Gate 출력은 0이 된다. NOR Gate도 마찬가지로 OR Gate와 반대로 동작한다.

이 실험에서는 트랜지스터로 Not 동작을 하는 방법을 공부하고 이를 이용해서 트랜지스터를 이용해서 NAND Gate와 NOR Gate를 구성한다.

11-2 원 리

1. 트랜지스터를 이용한 NOT Gate

[그림 11.1]에 트랜지스터를 이용한 NOT Gate 구성방법을 소개한다. TR1 베이스에 연결된 스위치가 입력이고 TR2에 연결된 LED가 출력이다. 스위치가 off, 즉 0이 입력되면 TR1이 off 되어 TR2 베이스에 전압이 걸리게 되어 TR2가 on이 되고 LED가 점등된다. 즉 1이 출력된다. 스위치가 on, 즉 1이 입력되면 TR1이 on 되어 전류가 TR1을 통해 GND로 흐르고 TR2 베이스에는 전압이 걸리지 않는다. 따라서 TR2는 off가 되어 LED가 꺼진다. 즉 0이 출력된다.

이처럼 0이 입력될 때 1이 출력되고 1이 입력되면 0이 출력되는 입력의 반대로 출력되는 논리 회로를 NOT Gate라 한다.

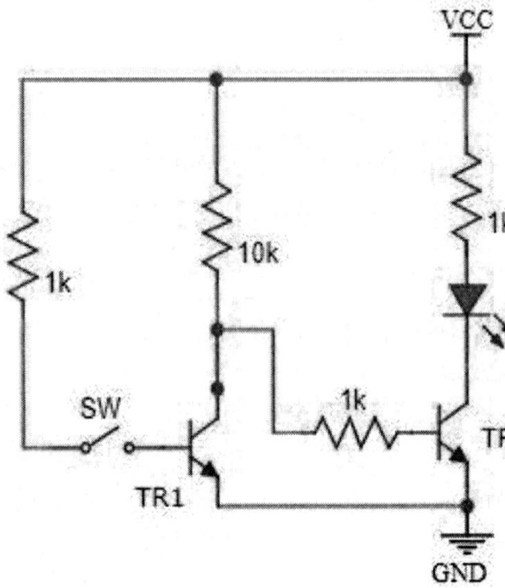

[그림 11.1] 트랜지스터를 이용한 NOT Gate

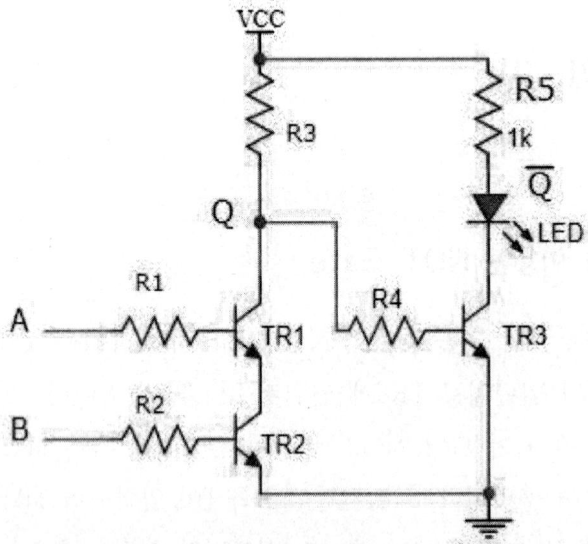

[그림 11.2] 트랜지스터로 만든 NAND Gate

NAND는 AND Gate에 NOT을 붙인 회로다. [그림 11.2]가 트랜지스터로 만든 NAND Gate 회로다.

[그림 11.2]에서 Q 점은 A, B 입력에 따른 AND 출력이 되고 이 신호가 TR3를 지나면서 $\overline{Q}$ 에서는 NOT AND, 즉 NAND 출력이 된다.

같은 방법으로 OR Gate에 NOT을 붙이면 NOR Gate가 되고 이것은 [그림 11.3]에 있다.

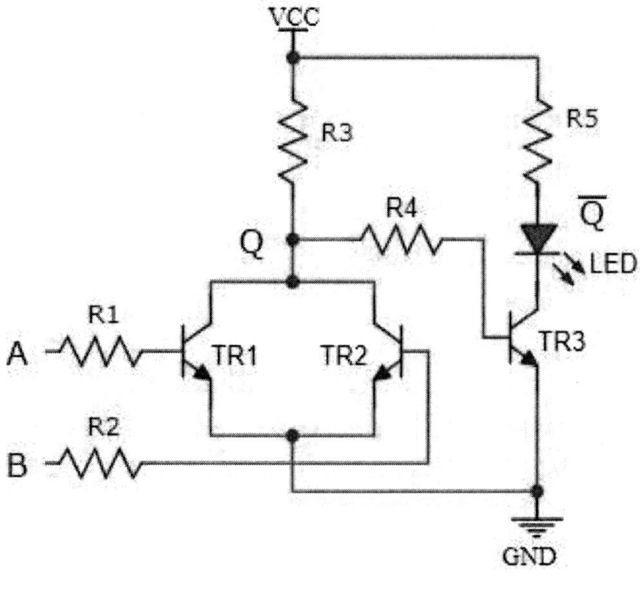

[그림 11.3] 트랜지스터로 만든 NOR Gate

11-3 실험장치

① 전원장치 5V

② 브레드보드

③ 2N2222 NPN 트랜지스터

④ LED

⑤ 1kΩ, 10kΩ, 저항

11-4 실험방법

1. 트랜지스터를 이용한 NOT Gate 회로실험

① [그림 11.5]에 있는 NOT Gate 회로를 브레드보드에 연결한다. 트랜지스터 2N2222 핀 설명은 [그림 11.4]에 있다.

② 5V 전원을 넣고 스위치 on-off에 따라 LED가 켜지고 꺼지는지 확인한다.

③ 회로가 정상적으로 동작하면 스위치 on-off에 따른 LED 출력을 표에 기록한다.

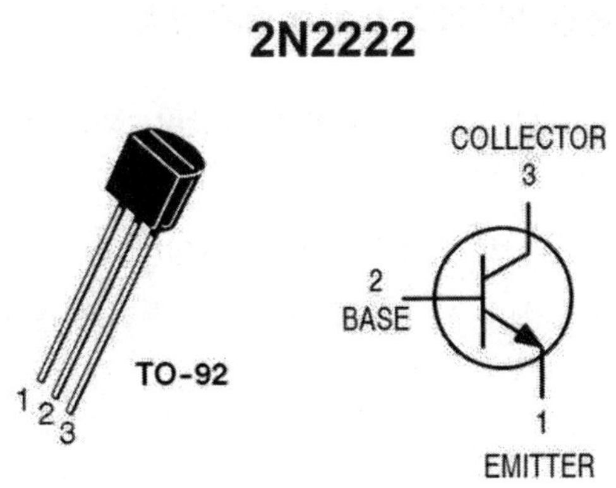

[그림 11.4] 트랜지스터 2N2222 핀

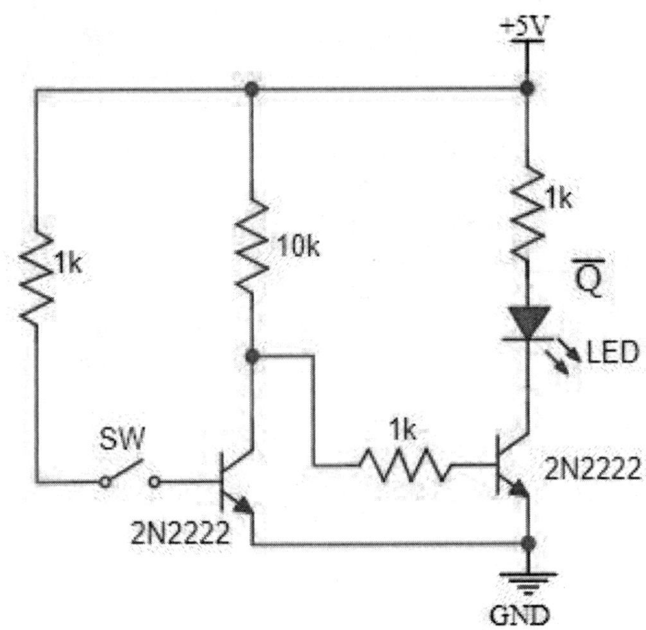

[그림 11.5] 트랜지스터를 이용한 NOT Gate 회로

2. 트랜지스터를 이용한 NAND Gate 회로실험

① [그림 11.6]의 NAND Gate 회로를 연결하라. 회로가 조금 복잡하니 연결 후 꼭 점검하기 바란다.

② 전원을 연결하고 회로가 잘 동작하는지 확인한다.

③ 회로가 제대로 동작하면 A, B 입력에 따른 출력을 표에 기록한다.

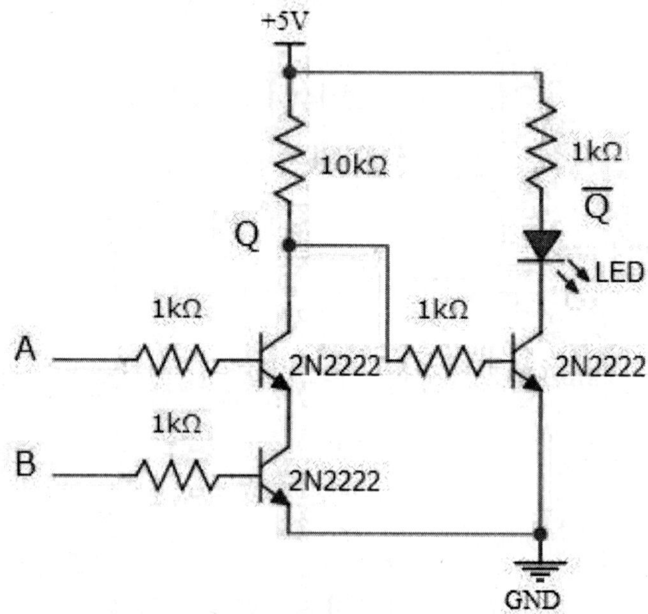

[그림 11.6] 트랜지스터를 이용한 NAND Gate 회로

예비보고서

실험제목 : 트랜지스터를 이용한 NAND NOR 논리 회로

실험일시		학 과		담당교수	
제출자	학 번	이 름	실 험 조	공동실험자	

1. 실험의 목적과 개요

2. 실험의 원리

3. 실험장치

4. 실험방법

결과보고서

실험제목 : 트랜지스터를 이용한 NAND NOR 논리 회로

<table>
<tr><td>실험일시</td><td></td><td>학 과</td><td></td><td>담당교수</td><td></td></tr>
<tr><td rowspan="2">제출자</td><td>학 번</td><td>이 름</td><td>실 험 조</td><td colspan="2">공동실험자</td></tr>
<tr><td></td><td></td><td></td><td colspan="2"></td></tr>
</table>

1. 실험 결과 및 분석

1) 트랜지스터를 이용한 NOT Gate 회로 실험

SW (입력)	$\overline{Q}$ (출력)
off (0)	
on (1)	

① 트랜지스터를 이용해서 만든 NOT Gate 논리 회로의 동작을 점검하라.

② 회로에서 R1, R2, R3 역할을 생각하고 어떤 저항값을 어떻게 선택할 것인지 생각해보고 실험으로 최적 저항값을 선택하는 방법에 대해 논의하고 실험으로 입증하라.

2) 트랜지스터를 이용한 NAND Gate 회로 실험

입 력		출 력
A	B	$\overline{Q}$
0 V	0 V	
5 V	0 V	
0 V	5 V	
5 V	5 V	

① 트랜지스터를 이용해서 만든 OR 논리 회로의 동작을 점검하라.

2. 토의 및 결론

Chapter

12 AND Gate IC와 트랜지스터 인터페이스

12-1 실험의 목적과 개요

우리는 10장에서 트랜지스터를 이용해서 AND Gate와 OR Gate 논리 회로를 만들고 동작 원리를 공부했다.

이 실험에서는 로직 IC로 만들어진 AND Gate의 사용법과 실제 로직 IC의 출력을 단순히 LED를 켜는 것뿐 아니라 다른 장치를 동작시키기 위한 로직 IC와 다른 회로를 트랜지스터를 이용해서 연결하는 인터페이스를 공부한다.

12-2 원 리

논리 IC로는 TTL IC와 CMOS 두 종류가 있는데 지금은 대부분 CMOS를 사용한다. TTL은 CMOS 공정기술이 개발되기 전에 사용한 기술로 CMOS보다 소비전력이 크고 전원 전압은 5V만 사용된다.

CMOS는 3.3V에서 동작하는 IC도 있고 입력 임피던스가 매우 커서 입력신호의 손실이 거의 없이 모두 신호로 받아들인다.

CMOS AND Gate IC로 CD4081이 있고 [그림 12.1]에 IC 내부 결선 로직이 있다.

CD4081은 내부에 [그림 12.1]과 같이 4개의 AND Gate 회로가 들어 있고, VDD에는 +5V를, VSS에는 0V 즉 GND로 연결한다.

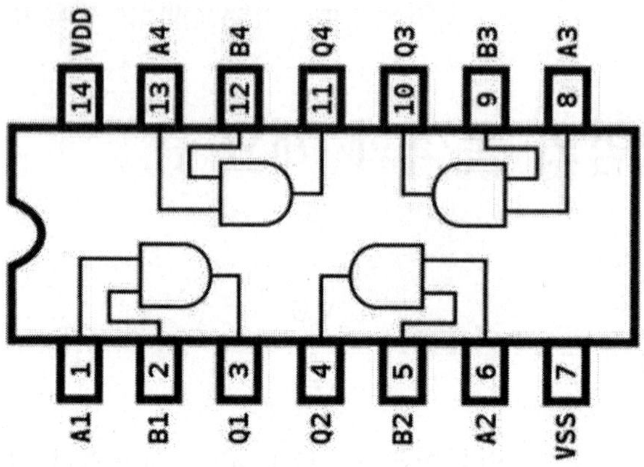

[그림 12.1] CD4081 AND Gate IC

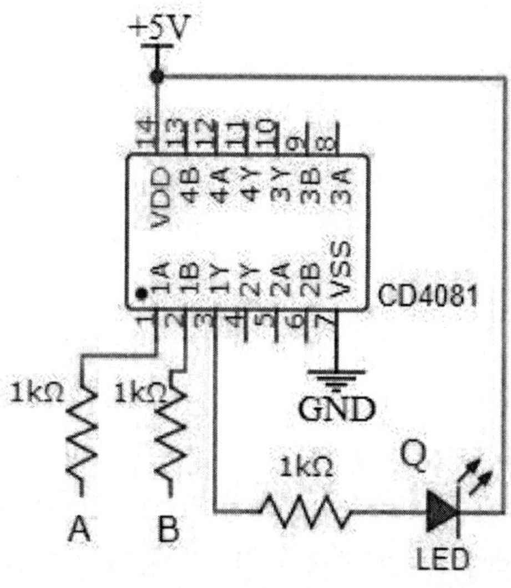

[그림 12.2] CD4081 AND Gate 결선도

[그림 12.2]와 같이 LED와 같이 작은 전류에 동작하는 소자는 IC 출력단에 직접 연결하여 사용할 수 있지만, 릴레이 등 전류가 많이 필요한 소자는 트랜지스터를 이용해 연결해야 한다([그림 12.3]).

트랜지스터 2N2222는 컬렉터에 최대 40V에 600mA까지 전류를 스위치 할 수 있다. 만일 이보다 더 큰 전류를 스위치 하려면 트랜지스터 두 개를 묶어놓은 다알링턴 트랜지스터 TIP120을 쓰면 된다.

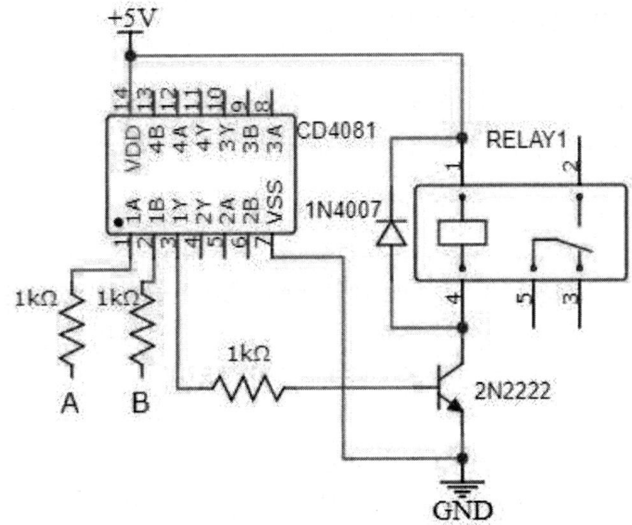

[그림 12.3] CD4081과 트랜지스터 연결

TIP120은 60V, 5A까지 스위치가 가능하다. 이보다 더 큰 전류를 제어하려면 IGBT 등 특별한 소자를 사용한다. [그림 12.4]은 TIP120 다알링턴 트랜지스터를 이용한 회로도를 나타냈다.

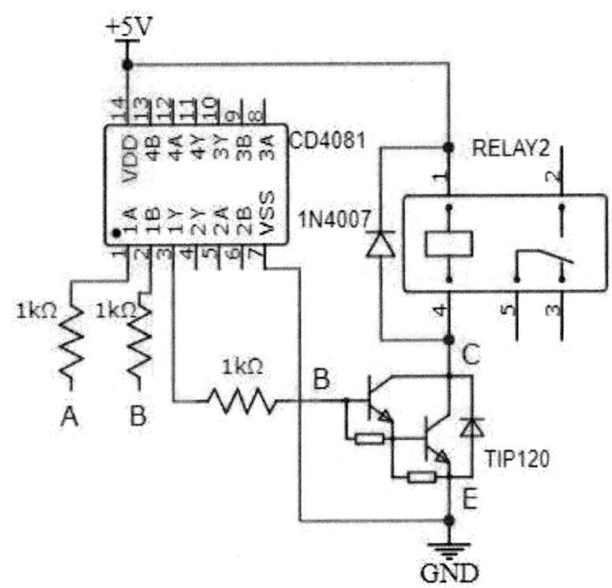

[그림 12.4] 다알링턴 트랜지스터 TIP120을 이용한 연결

1. 4개 입력 AND Gate로 확장

AND Gate를 묶어서 입력을 4개로 확장 시켜보자. 4개의 입력에 하나라도 0이 있으면 출력은 0이고 4개 입력 모두 1일 때만 출력이 1이 되도록 해보자. 진리표는 〈표 12.1〉에 있다.

〈표 12.1〉 4개 입력 AND Gate 출력표

입 력				출 력
A	B	C	D	Q
0	0	0	0	0
0	0	0	1	0
0	0	1	0	0
0	0	1	1	0
0	1	0	0	0
0	1	0	1	0
0	1	1	0	0
0	1	1	1	0
1	0	0	0	0
1	0	0	1	0
1	0	1	0	0
1	0	1	1	0
1	1	0	0	0
1	1	0	1	0
1	1	1	0	0
1	1	1	1	1

먼저 두 개의 AND Gate를 사용하면 4개의 입력을 만들 수 있고 이 두 개의 AND Gate 출력을 다른 AND Gate 입력으로 넣으면 세 번째 AND Gate 출력이 우리가 원하는 출력이 된다.

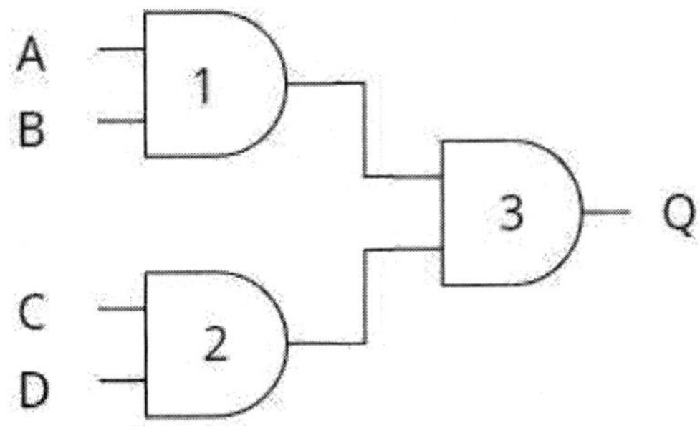

[그림 12.5] 4 입력 AND Gate 논리 회로

[그림 12.5]에 3개의 AND Gate를 연결해서 만든 4 입력 AND Gate가 있습니다. CD4081 하나의 IC에 4개의 AND Gate가 있어서 CD4081 하나로 4 입력 AND Gate 구성이 가능하다.

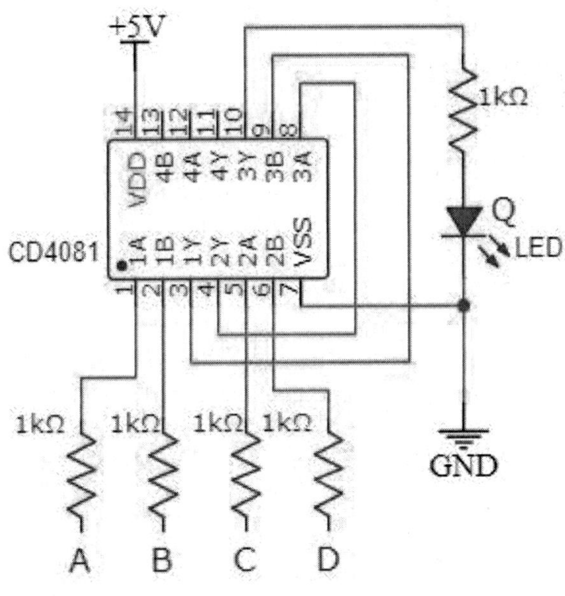

[그림 12.6] 4 입력 AND Gate 회로도

12-3 실험장치

① 전원장치 5V
② 브레드보드
③ IC CD4081
④ 트랜지스터 2N2222, TIP120
⑤ LED
⑥ 저항 1kΩ
⑦ 릴레이 5V

12-4 실험방법

1. AND Gate 실험

① [그림 12.8] 회로를 브레드보드에 연결한다.
② 입력 A, B에 5V와 0V를 결과표대로 입력하고 LED가 켜지면 1, 꺼지면 0으로 표에 결과를 기록한다. 그림에서 GND로 표시된 곳은 -전원에 연결하고 A, B 입력 중에 0V를 입력할 때도 A, B를 GND에 연결하면 된다([그림 12.10] 참조).

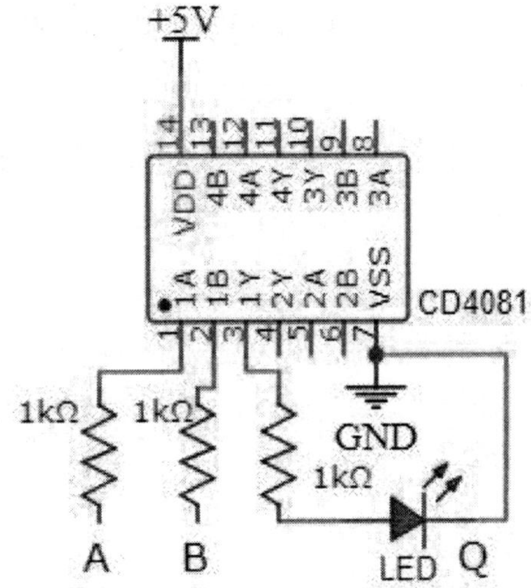

[그림 12.8] AND Gate 실험 회로

2. 트랜지스터 2N2222 인터페이스

③ [그림 12.9] 회로를 브레드보드에 연결하고 A, B 입력에 따른 출력을 표에 기록하라. ①번 방법과 같은 결과를 얻었는지 확인하라.

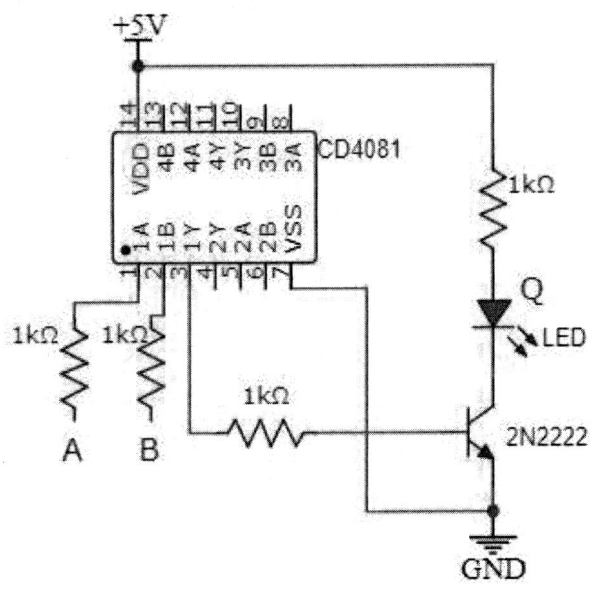

[그림 12.9] 2N2222 인터페이스 시험 회로

④ [그림 12.10] 회로를 브레드보드에 연결하라. 이 회로는 AND Gate 출력으로 트랜지스터를 켜고 끄며 트랜지스터 스위치 동작이 릴레이를 구동하며 릴레이에 의해 LED가 켜지고 꺼진다. 이 회로 역시 AND Gate 입력에 따라 출력값을 표에 기록하고 ②번 방법과 같은 결과를 얻었는지 확인하라.

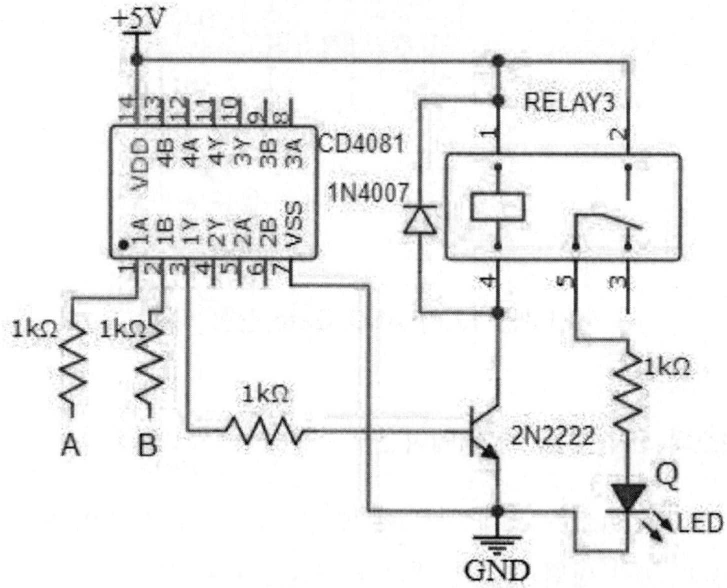

[그림 12.10] 2N2222 인터페이스 릴레이 구동 회로

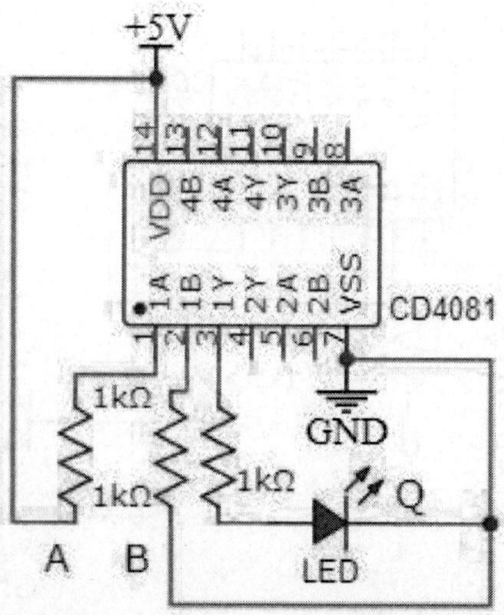

[그림 12.11] A에 5V B에 0V를 걸어준 회로

⑤ [그림 12.12] 회로를 브레드보드에 연결하라.

⑥ A, B, C, D 네 개의 입력에 따라 출력을 결과표에 기록하고 〈표 12.2〉과 같은 결과를 얻었는지 확인하라.

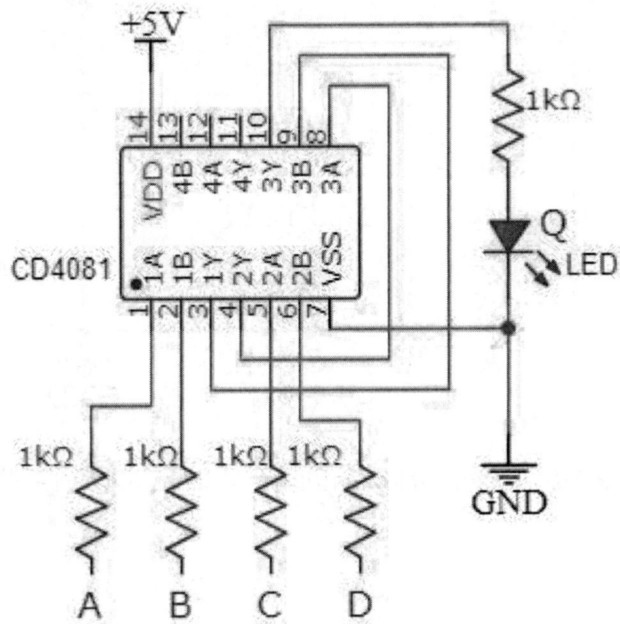

[그림 12.12] 4 입력 AND Gate 실험 회로

⑦ A=5V, B=C=D=0V를 걸어준 회로 예가 [그림 12.13]에 있다. 같은 방법으로 결과표에 있는 대로 A, B, C, D에 전압을 걸어주고 출력을 관찰하면 된다.

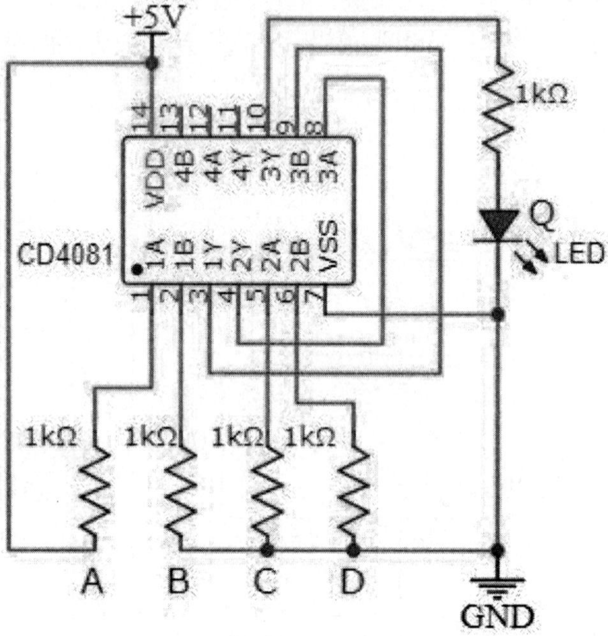

[그림 12.13] 4 입력 AND Gate A=5V, B=C=D=0V를 걸어준 회로

예비보고서

실험제목 : AND Gate IC와 트랜지스터 인터페이스

<table>
<tr><td>실험일시</td><td></td><td>학 과</td><td></td><td>담당교수</td><td></td></tr>
<tr><td rowspan="2">제출자</td><td>학 번</td><td>이 름</td><td>실 험 조</td><td colspan="2">공동실험자</td></tr>
<tr><td></td><td></td><td></td><td colspan="2"></td></tr>
</table>

1. 실험의 목적과 개요

2. 실험의 원리

3. 실험장치

4. 실험방법

결과보고서

실험제목 : AND Gate IC와 트랜지스터 인터페이스

실험일시		학 과		담당교수	
제출자	학 번	이 름	실 험 조	공동실험자	

1. 실험 결과 및 분석

1) AND Gate 실험

입 력		출 력
A	B	Q
0V	0V	
5V	0V	
0V	5V	
5V	5V	

2) AND Gate 2N2222 트랜지스터 인터페이스실험

입 력		출 력
A	B	Q
0V	0V	
5V	0V	
0V	5V	
5V	5V	

3) AND Gate 릴레이 구동 실험

입 력		출 력
A	B	Q
0V	0V	
5V	0V	
0V	5V	
5V	5V	

4) 4 입력 AND Gate 결과표 (0 = 0V, 1 = 5V)

입 력				출 력
A	B	C	D	Q
0	0	0	0	
0	0	0	1	
0	0	1	0	
0	0	1	1	
0	1	0	0	
0	1	0	1	
0	1	1	0	
0	1	1	1	
1	0	0	0	
1	0	0	1	
1	0	1	0	
1	0	1	1	
1	1	0	0	
1	1	0	1	
1	1	1	0	
1	1	1	1	

2. 토의 및 결론

Chapter

13

OR Gate IC와 트랜지스터 인터페이스

13-1 실험의 목적과 개요

12장에 이어서 OR Gate 사용법과 확장을 위한 방법, 그리고 트랜지스터를 이용한 인터페이스 방법을 공부한다.

13-2 원 리

CMOS OR Gate IC로 CD4071이 있고 [그림 13.8]에 IC 내부 결선 로직이 있다.

CD4071 OR Gate 내부에는 [그림 13.1]과 같이 4개의 OR Gate가 들어 있다. IC가 동작하기 위한 전원은 VDD에는 +5V를, VSS에는 0V 즉 GND로 연결한다.

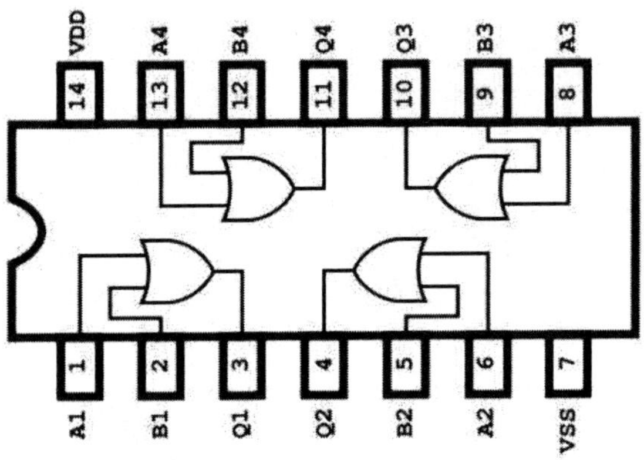

[그림 13.1] CD4071 OR Gate IC

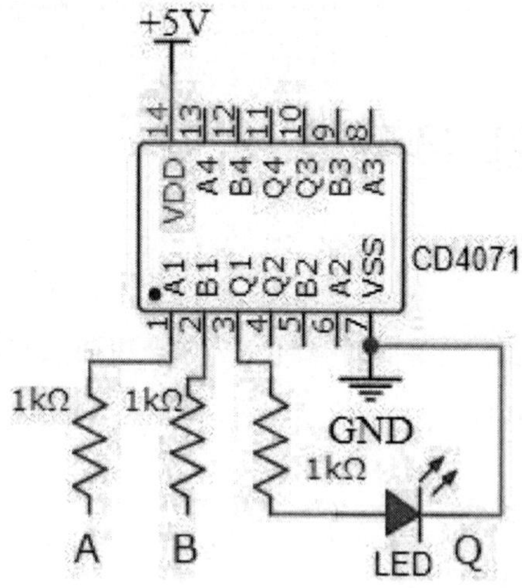

[그림 13.2] CD4071 OR Gate 결선도

[그림 13.2]는 A, B 입력에 따른 출력을 시험하기 위한 회로다. 이 경우도 LED같이 작은 전류를 소모하는 소자는 IC에 직접 연결해서 구동할 수 있지만 좀 더 큰 전류로 구동되는 소자들은 트랜지스터를 이용해서 연결해야 한다.

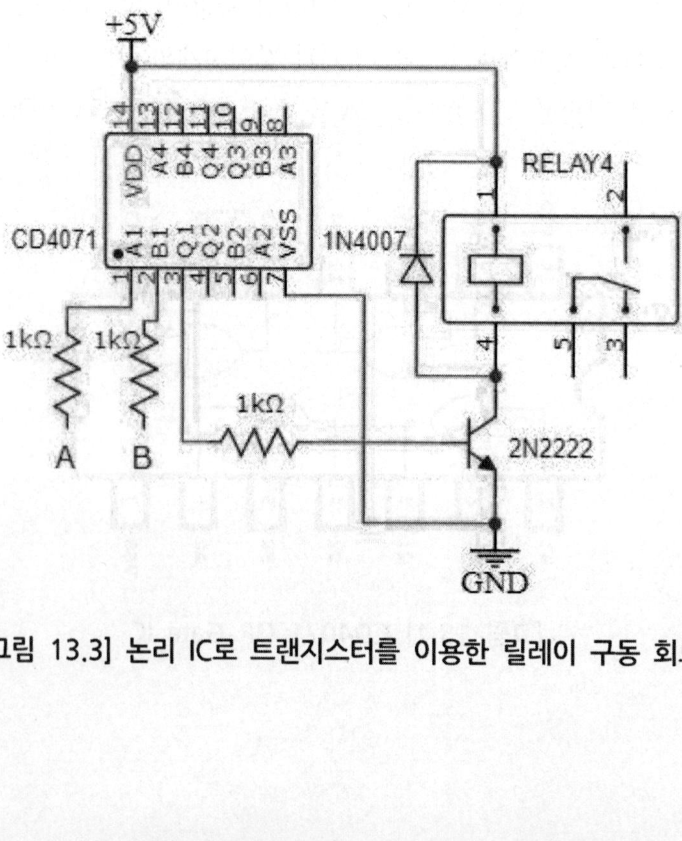

[그림 13.3] 논리 IC로 트랜지스터를 이용한 릴레이 구동 회로

1. 4개 입력 OR Gate로 확장

OR Gate 2개를 묶어서 입력이 4개인 OR Gate로 확장해 보자. OR 논리연산은 두 입력 중에 하나라도 1이면 1을 출력하고 두 입력이 모두 0일 때만 0을 출력한다. 4개의 입력의 경우도 4개의 입력 중에 하나라도 1이면 1이 출력되고 4개 입력 모두 0일 경우만 0이 출력된다. 〈표 13.1〉에 4개 입력에 대응하는 출력표를 나타냈다.

〈표 13.1〉 4개 입력 OR Gate 출력표

입 력				출 력
A	B	C	D	Q
0	0	0	0	0
0	0	0	1	1
0	0	1	0	1
0	0	1	1	1
0	1	0	0	1
0	1	0	1	1
0	1	1	0	1
0	1	1	1	1
1	0	0	0	1
1	0	0	1	1
1	0	1	0	1
1	0	1	1	1
1	1	0	0	1
1	1	0	1	1
1	1	1	0	1
1	1	1	1	1

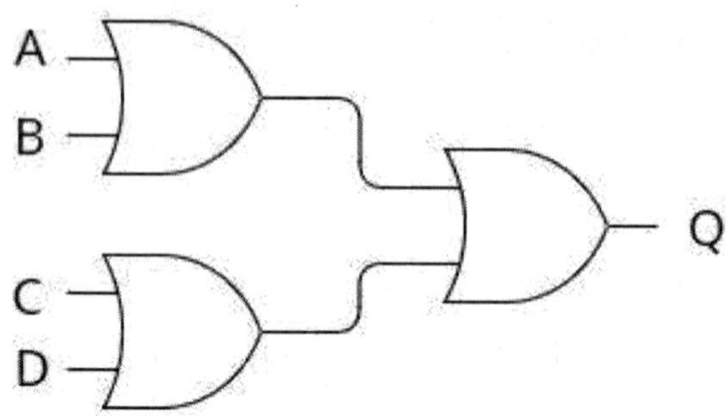

[그림 13.4] 4 압력 OR Gate 논리 회로

[그림 13.4]의 논리 회로를 CD4071 IC를 이용해 실제 회로를 만든 것을 [그림 84]에 나타냈다.

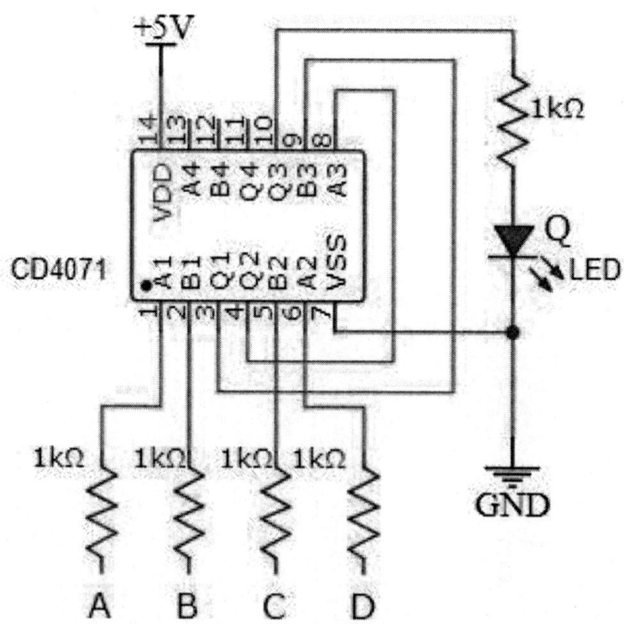

[그림 13.5] CD4071을 이용한 4 압력 OR Gate 논리 회로

13-3 실험장치

① 전원장치 5V
② 브레드보드
③ IC CD4071
④ 트랜지스터 2N2222
⑤ LED
⑥ 저항 1kΩ
⑦ 릴레이 5V

13-4 실험방법

① [그림 13.6] 회로를 브레드보드에 연결한다.
② 입력 A, B에 5V와 0V를 결과표대로 입력하고 LED가 켜지면 1, 꺼지면 0으로 표에 결과를 기록한다. 그림에서 GND로 표시된 곳은 −전원에 연결하고 A, B 입력 중에 0V를 입력할 때도 A, B를 GND에 연결하면 된다([그림 13.7] 참조.

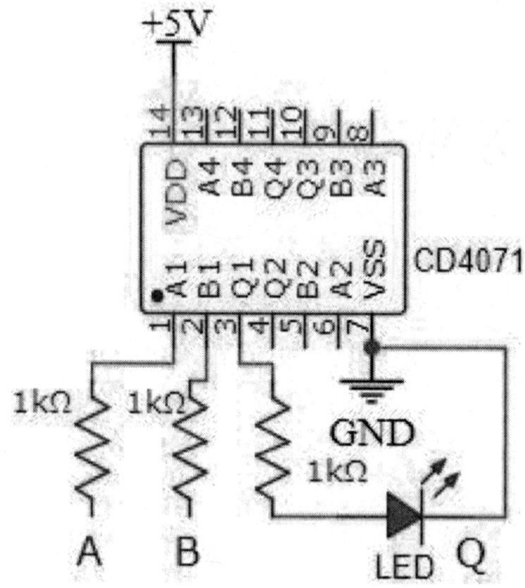

[그림 13.6] CD4071 OR Gate 실험 회로도

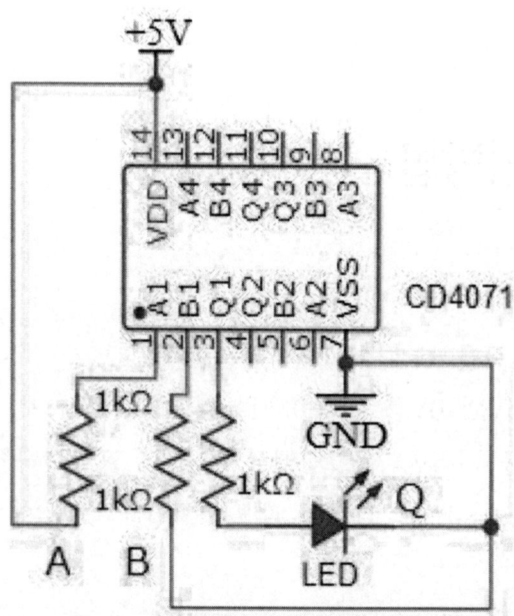

[그림 13.7] A에 5V B에 0V를 걸어준 회로

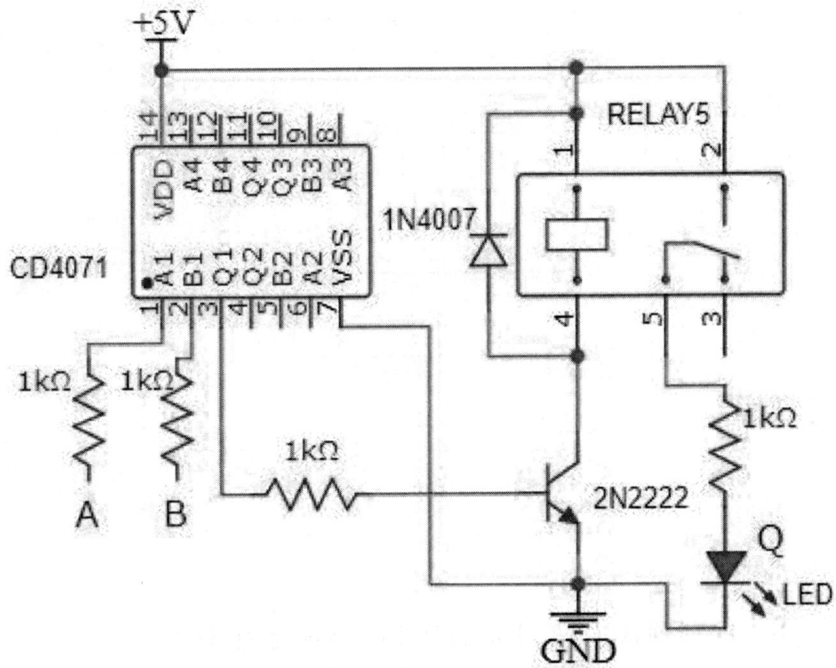

[그림 13.8] OR Gate와 2N2222 인터페이스 시험 회로

③ [그림 13.8] 회로를 브레드보드에 연결하라. 이 회로는 OR Gate 출력으로 트랜지스터를 켜고 끄며 트랜지스터 스위치 동작이 릴레이를 구동하며 릴레이에 의해 LED가 켜지고 꺼진다. 이 회로 역시 OR Gate 입력에 따라 출력값을 표에 기록하고 ②번 방법과 같은 결과를 얻었는지 확인하라.

④ [그림 13.9] 회로를 브레드보드에 연결하라.

⑤ A, B, C, D 네 개의 입력에 따라 출력을 결과표에 기록하고 <표 13.1>과 같은 결과를 얻었는지 확인하라.

⑥ A=5V, B=C=D=0V를 걸어준 회로 예가 [그림 13.9]에 있다. 같은 방법으로 결과표에 있는 대로 A, B, C, D에 전압을 걸어주고 출력을 관찰하면 된다.

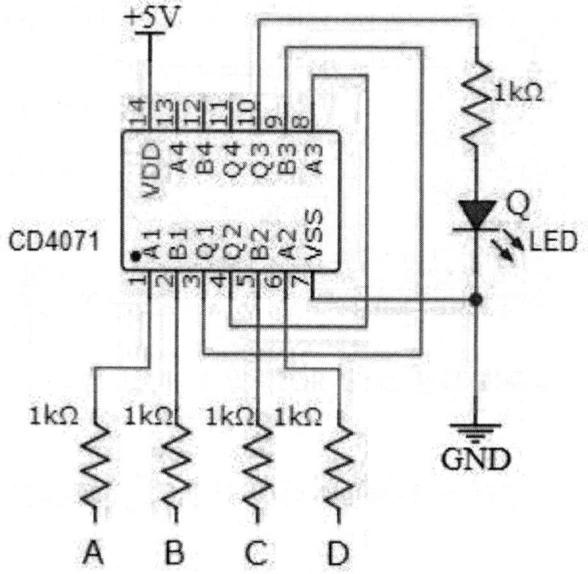

[그림 13.9] 4 입력 OR Gate 실험 회로

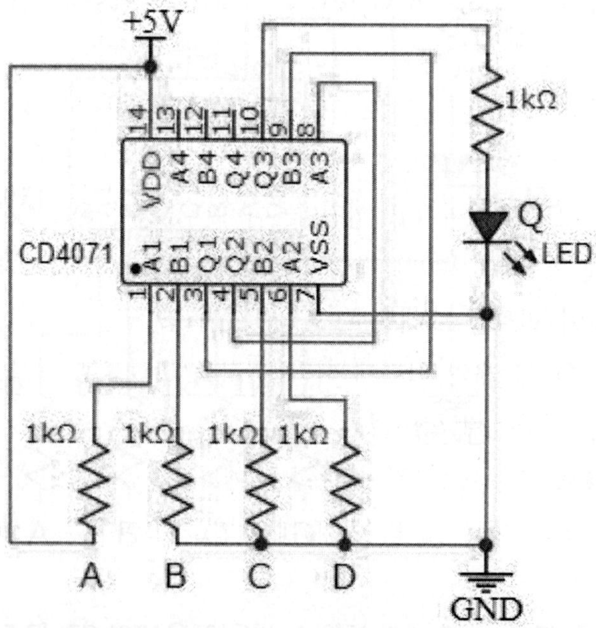

[그림 13.10] 4 입력 OR Gate A=5V, B=C=D=0V를 걸어준 회로

예비보고서

실험제목 : OR Gate IC와 트랜지스터 인터페이스

실험일시		학 과		담당교수	
제출자	학 번	이 름	실 험 조	공동실험자	

1. 실험의 목적과 개요

2. 실험의 원리

3. 실험장치

4. 실험방법

결과보고서

실험제목 : OR Gate IC와 트랜지스터 인터페이스

<table>
<tr><td>실험일시</td><td></td><td>학 과</td><td></td><td>담당교수</td><td></td></tr>
<tr><td rowspan="2">제출자</td><td>학 번</td><td>이 름</td><td>실 험 조</td><td colspan="2">공동실험자</td></tr>
<tr><td></td><td></td><td></td><td colspan="2"></td></tr>
</table>

1. 실험 결과 및 분석

1) OR Gate 실험

입 력		출 력
A	B	Q
0 V	0 V	
5 V	0 V	
0 V	5 V	
5 V	5 V	

2) OR Gate 출력을 2N2222 트랜지스터를 이용한 릴레이 구동 실험

입 력		출 력
A	B	Q
0 V	0 V	
5 V	0 V	
0 V	5 V	
5 V	5 V	

3) 4 입력 OR Gate 결과표 (0 = 0V, 1 = 5V)

입 력				출 력
A	B	C	D	Q
0	0	0	0	
0	0	0	1	
0	0	1	0	
0	0	1	1	
0	1	0	0	
0	1	0	1	
0	1	1	0	
0	1	1	1	
1	0	0	0	
1	0	0	1	
1	0	1	0	
1	0	1	1	
1	1	0	0	
1	1	0	1	
1	1	1	0	
1	1	1	1	

2. 토의 및 결론

Chapter

14 디지털 오실로스코프와 함수 발생기 사용법

14-1 실험의 목적과 개요

디지털 오실로스코프는 시간에 따른 신호의 변화를 눈으로 볼 수 있도록 하는 장치로 전기 전자 실험 등을 할 때 아주 유용한 장치이다.

이 실험에서는 디지털 오실로스코프의 기본 원리를 이해하고 사용하는 방법을 공부해서 전기 전자 실험을 위한 기초적 역량을 키우는 데 그 목적이 있다. 실험 회로로 두 개의 저항을 직렬 연결한 회로를 사용하고 회로에 1 kHz 주파수에 피크-피크 전압이 6 V인 교류 신호를 걸어주고 오실로스코프를 이용해서 한 저항에 걸린 전압과 파형을 관찰한다.

14-2 원 리

디지털 오실로스코프는 시간에 따른 전압(신호)의 변화를 눈으로 볼 수 있도록 표시하는 장치로 매우 다양한 하드웨어 모듈과 소프트웨어로 구성되어 있다. 디지털 오실로스코프는 입력된 신호를 잡아서 계산해서 파형을 가장 해석하기 적절한 형태로 표시해준다. 얼마나 짧은 시간에 지나간 신호까지 잡을 수 있나를 오실로스코프의 분해능이라고 하며 분해능이 높을수록 당연히 좋은 장비이며 가격이 올라간다.

일반적으로 오실로스코프 성능을 표시하는 방법으로 디지털 오실로스코프는 초당 샘플링 수를 사용하고 아날로그 오실로스코프는 밴드위스(Bandwidth)를 사용한다. 예를 들어 20 MHz 아날로그 오실로스코프는 밴드위스가 20 MHz라는 것을 말한다.

고주파 신호가 도선을 통과할 때 주파수가 올라감에 따라 신호의 세기가 감소하는데 신호가 작아지면 그만큼 측정차가 커지게 된다. 따라서 밴드위스가 20MHz라는 것은 20 MHz 신호가 들어올 때 오실로스코프에서 읽는 신호는 입력신호보다 -3 dB로 줄어든다는 뜻이고, 이 이상은 보정을 하지 않아 정확한 값을 알 수 없다는 의미다.

디지털 오실로스코프도 20 MHz라고 쓰여 있는 것이 있지만 이것은 20 MHz 아날로그 오실로스코프로 읽을 수 있는 수준의 신호를 보여줄 수 있는 디지털 오실로스코프임을 표시하지만, 디지털 오실로스코프에서는 올바른 표현은 아니다. 보통 20 MHz라고 표기된 디지털 오실로스코프의 초당 샘플링 수는 200 MS/s이다. 즉 1초에 2억회 샘플링을 한다.

디지털 오실로스코프는 아날로그 신호를 잡아서 디지털 신호로 변환해서 저장하고 스크린에 보여주는 여러 절차가 필요하다. 초당 샘플링 수는 시간에 대한 분해능이고, 새플링 데이터를 ADC를 통해서 디지털로 변환하는 ADC의 분해능은 전압에 대한 분해능이다.

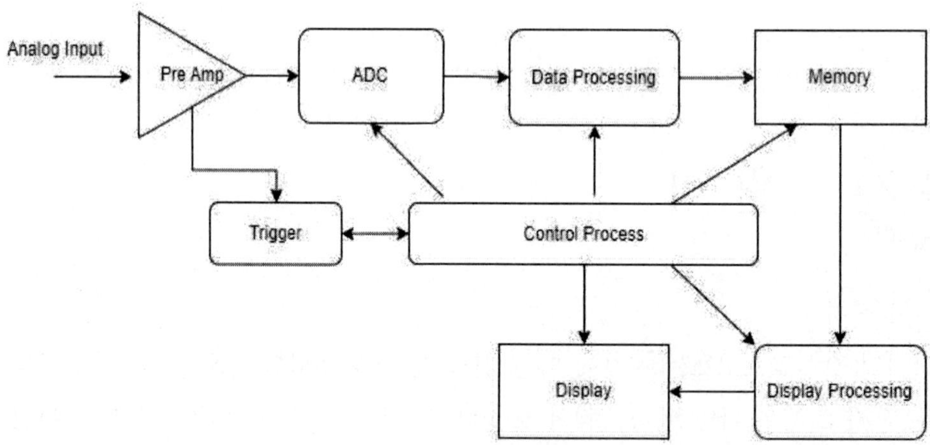

[그림 14.1] 디지털 오실로스코프 블록 다이어그램

1. 직류와 교류

직류는 시간에 따라 전압이 변하지 않고 일정한 신호로 DC (Direct Current)라고 한다.

교류는 시간에 따라 전압이 주기적으로 변하는 신호로 AC (Alternate Current)라고 한다.

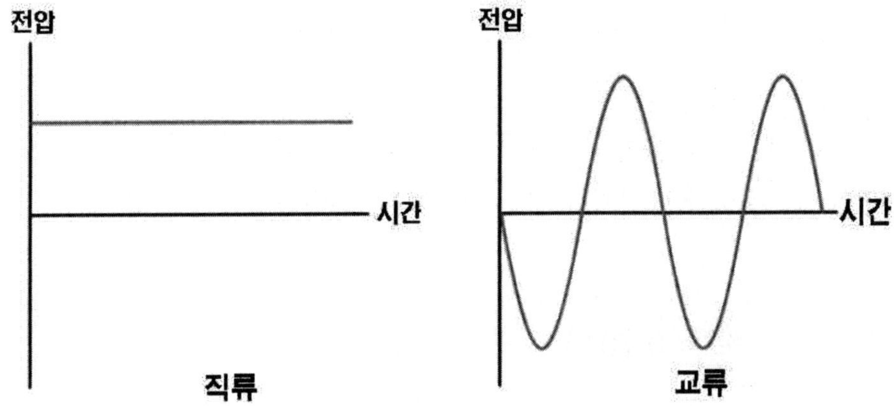

[그림 14.2] 직류와 교류

전압을 표시하는 데 있어서 직류는 시간에 따라 전압이 변하지 않으므로 하나로 표시되지만, 교류는 시간에 따라 전압이 변함으로 V_p, V_{p-p}, V_{rms}, V_{ave} 등 4가지로 표현되며 그 관계는 [그림 14.3]과 [그림 14.4]에 그려 놓았다.

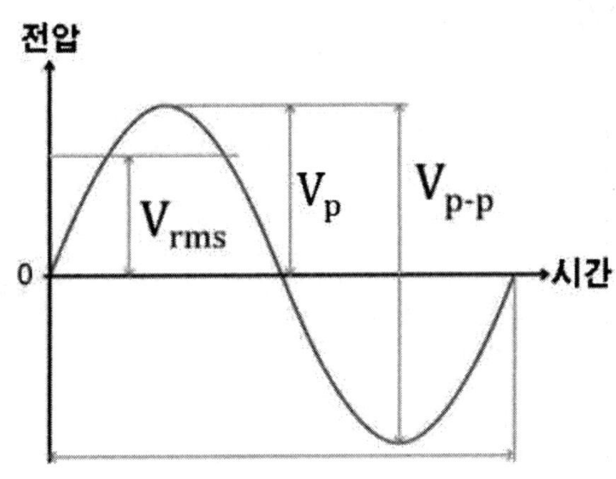

[그림 14.3] V_p, V_{p-p}, V_{rms} **의 관계**

V_p 는 반주기의 최대값이며, V_{p-p} 는 한 주기 내에서 최소값에서 최대값까지 전압으로 반주기 최대값의 2배가 된다.

$$V_{p-p} = 2V_p$$

V_{rms} 는 실효값으로 교류 전원에 부하를 걸어서 소비한 에너지양이 같은 부하에서 직류 전원으로 소비한 에너지와 같을 때 직류전압에 대응되는 전압이다.

$$V_{rms} = \frac{V_p}{\sqrt{2}} = 0.707V_p$$

V_{ave} 는 평균값으로 반주기 전압의 평균값을 표시한다.

$$V_{ave} = \frac{2V_p}{\pi} = 0.637V_p$$

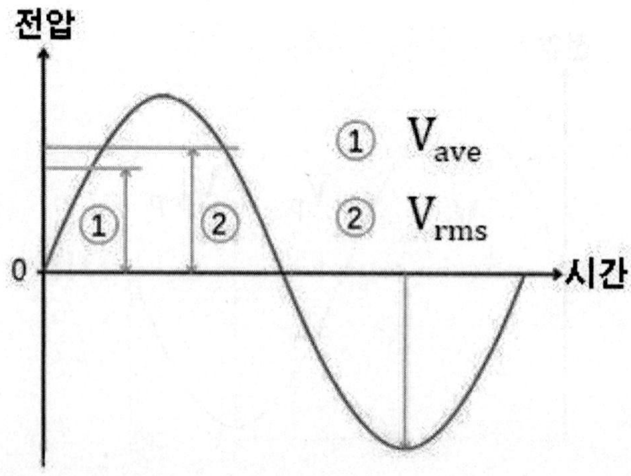

[그림 14.4] V_{rms} **와** V_{ave} **사이의 관계**

2. 오실로스코프로 신호 읽기

디지털 오실로스코프는 일단 신호가 제대로 입력되면 읽을 수 있는 형태로 파형을 화면에 잡는 것은 AUTO 버튼을 누름으로 해결된다. 그 후에 필요에 따라 수직축 전압 간격은 Volt/Div 단자를 이용해서 조정하고, 수평축 시간 간격은 Time/Div 단자로 조정한다.

오실로스코프는 시간에 따른 전압의 변화를 보여주는 장치이다. 신호를 보여주는 화면의 수평축은 시간을 수직축은 전압을 나타낸다([그림 14.5]).

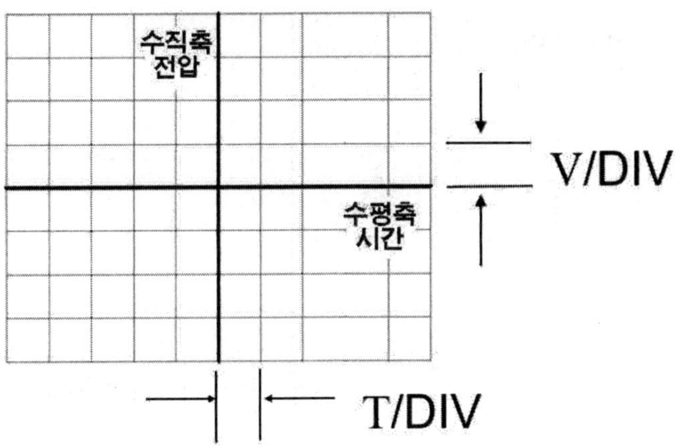

[그림 14.5] 수직축과 수평축

시간 축에서 수평 칸당 시간을 Time/Div 단자로 조정할 수 있다. Time/Div 단자를 1 ms로 선택하면 수평축 한 칸이 1 ms가 되므로 파형의 주기는 4칸 반에 해당하므로 4.5 ms가 된다. 또한 주파수는 주기의 역수이므로 0.222 kHz가 된다([그림 14.6]).

$$T = 4.5 Div \ \times \frac{1 \ ms}{Div} = 4.5 \ \ ms$$

$$f = \frac{1}{T} = \frac{1}{4.5 \ ms} = 0.222.. \ \ kHz$$

전압 축도 칸당 전압을 Volt/Div 단자로 조정할 수 있다. [그림 14.7]에서 Volt/Div 단자를 1V를 선택하면 수직축 한 칸이 1V가 되므로 V_p 는 1.5칸이 되어서 1.5V가 되고, V_{p-p} 는 3칸이 되어 3V가 된다.

$$V_p = 1.5Div \times \frac{1\ V}{Div} = 1.5\ V$$

$$V_{p-p} = 3Div \times \frac{1\ V}{Div} = 3\ V$$

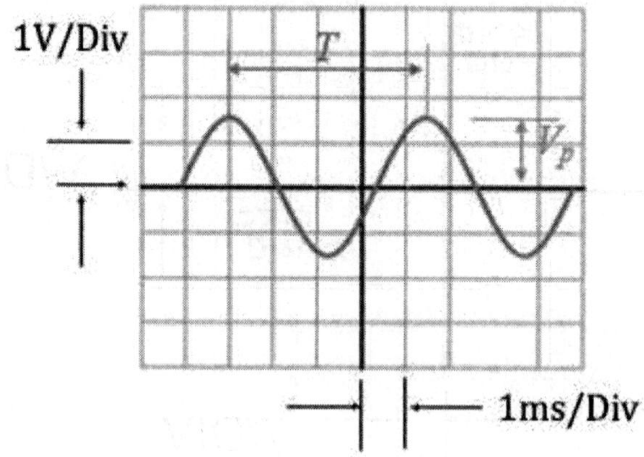

[그림 14.6] 전압과 주기 읽기

3. 오실로스코프 사용법

오실로스코프에는 두 개의 신호를 동시에 입력해서 관찰할 수 있다. 하나의 신호는 CH1에 놓고 두 번째 신호는 CH2에 넣으면 된다. [그림 14.7] 오른쪽 아랫부분에 CH1 입력 또는 CH2 입력이라고 표시한 BNC 단자에 프루브를 연결해서 신호를 넣으면 된다.

측정하려는 신호를 CH1(X) 또는 CH2(Y)에 연결했다면 [그림 14.7] 오른쪽에 빨간색 화살표로 표시된 AUTO라고 쓰여 있는 파란색 버튼을 누르면 자동으로 신호를 잡아서 화면에 표시하게 된다.

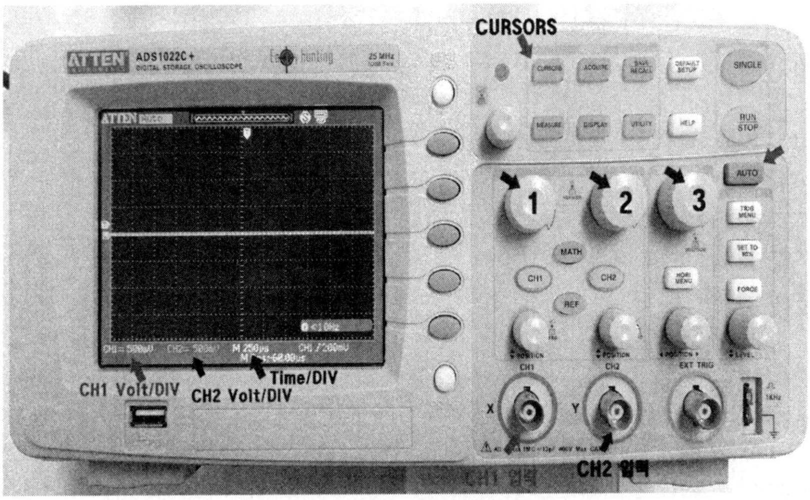

[그림 14.7] 오실로스코프

[그림 14.7]에 1이라고 쓰인 동그란 손잡이가 CH1 입력신호의 Volt/DIV를 조정하는 손잡이고 2라고 쓰인 손잡이는 CH2 입력신호의 Volt/DIV를 조정하는 손잡이다. 설정된 Volt/DIV는 오실로스코프 화면 왼쪽 아래에 CH1 Volt/DIV, CH2 Volt/DIV로 표시한 곳에 쓰여 있다.

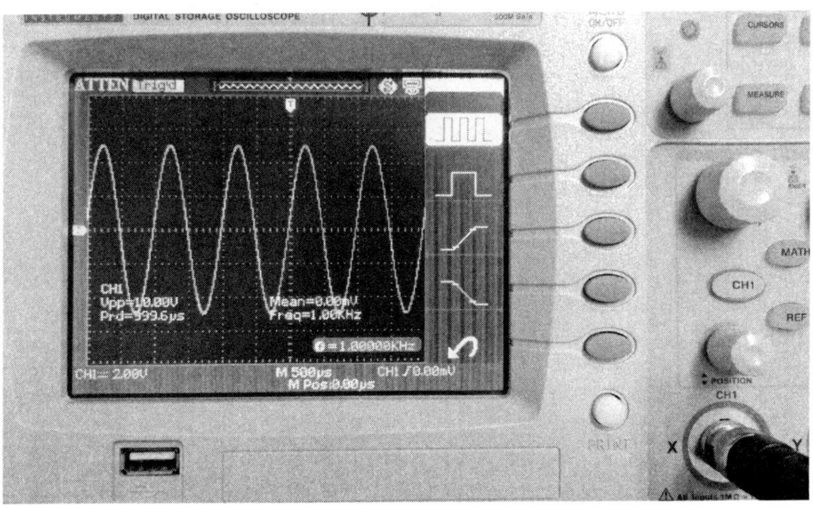

[그림 14.8] AUTO 버튼으로 입력신호 잡기

3이라 쓰인 동그란 손잡이는 Time/DIV를 조정하는 손잡이다. 화면 가운데 아랫부분에 파란색으로 Time/DIV라고 표시한 부분에 M250μs라 쓰여 있는데 x축 가로 한 칸이 250μs임을 표시한다.

측정하려는 신호를 CH1(X) 또는 CH2(Y)에 연결하고 AUTO 버튼을 누르면 [그림 14.8]과 같이 자동으로 신호를 잡아서 화면에 표시되며, 이때 화면에 V_{pp}, 주기, 주파수 등 신호에 대한 기본적인 정보도 함께 표시된다.

4. 전압 읽기

디지털 오실로스코프로 피크 전압 등을 읽으려면 AUTO 버튼을 누르고 표시되는 데이터를 읽으면 된다. 그러나 특정한 위치에서 전압을 읽으려면 전압 커서 라인으로 읽으려는 두 지점의 높이 차이에서 전압 차를 읽으면 된다.

먼저 [그림 14.8]과 같이 신호를 잡고 [그림 14.7] 가운데 윗부분에 CURSORS 버튼을 누른다. 그러면 화면이 [그림 14.9]와 같이 바뀌고 커서 방식을 선택하는 창이 나온다. 여기서 [그림 14.9]의 버튼1을 누르면 닫기 - 수동 - 트랙 - 자동측정 순서로 바뀐다 여기서 우리는 수동을 선택한다.

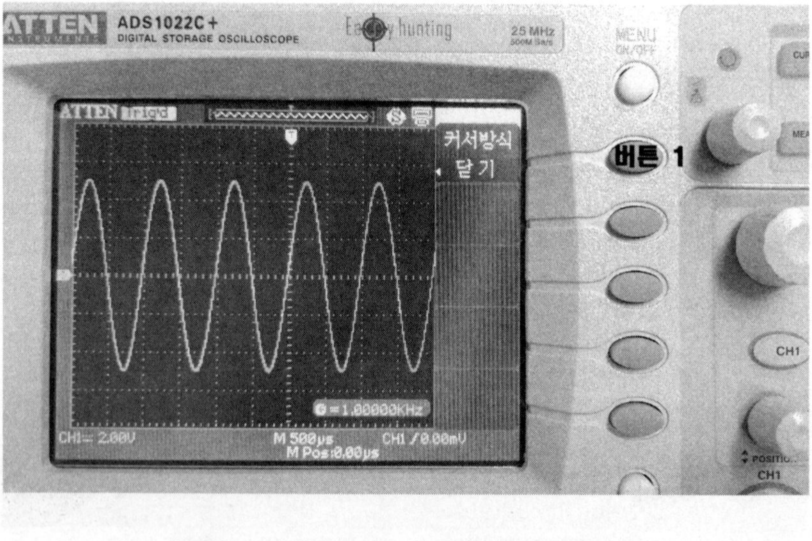

[그림 14.9] 커서를 이용한 전압 읽기 1

수동을 선택하면 [그림 14.10]과 같은 화면이 나온다.

[그림 14.10]에서 버튼 2를 누르면 시간 또는 전압 측정을 선택할 수 있다. 여기서 전압을 선택한다.

버튼 3는 입력신호 선택을 위한 것으로 CH1 - CH2가 번갈아 나타난다.

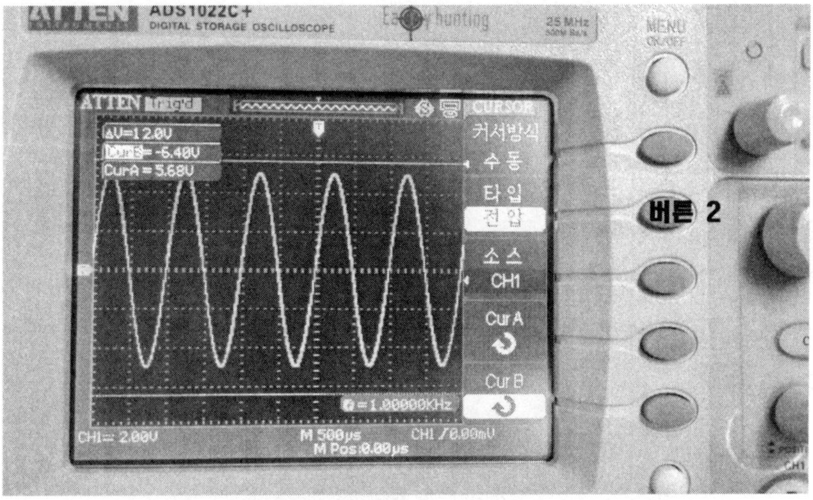

[그림 14.10] 커서를 이용한 전압 읽기 2

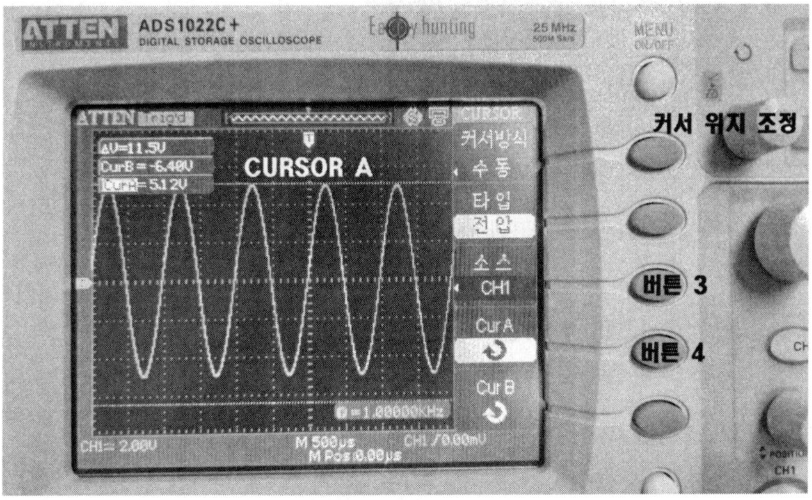

[그림 14.11] 커서를 이용한 전압 읽기 3

또한 MATH와 REF 버튼을 선택하면 MATH와 REF가 활성화되며 선택 사항이 달라진다. 만일 REF 버튼을 눌러서 REF가 활성화가 되면 내장된 1kHz, 1Vpp 구형파 신호가 REF 신호로 나타난다.

전압을 읽기 위해서는 커서 A와 커서 B를 움직여서 읽으려는 위치에 놓아야 한다. 먼저 [그림 14.11]의 버튼 4를 누르면 커서 A가 선택되고 사진의 오른쪽 위 커서 위치 조정 손잡이를 돌리면 화면의 CURSOR A가 위아래로 이동한다. 이때 우리가 측정하려는 위치에 커서 A를 놓는다.

같은 방법으로 [그림 14.12]에 버튼 5를 물러서 커서 B를 선택하고 사진의 오른쪽 위 커서 위치 조정 손잡이를 돌리면 화면의 CURSOR B를 위아래로 움직여서 측정하려는 위치에 놓으면 된다.

이렇게 하면 화면의 왼쪽 위에 커서 A와 B의 위치 전압이 나오고 두 위치의 차이 ΔV가 표시된다. (빨간색 화살표) 우리가 측정하려는 전압을 알 수 있다.

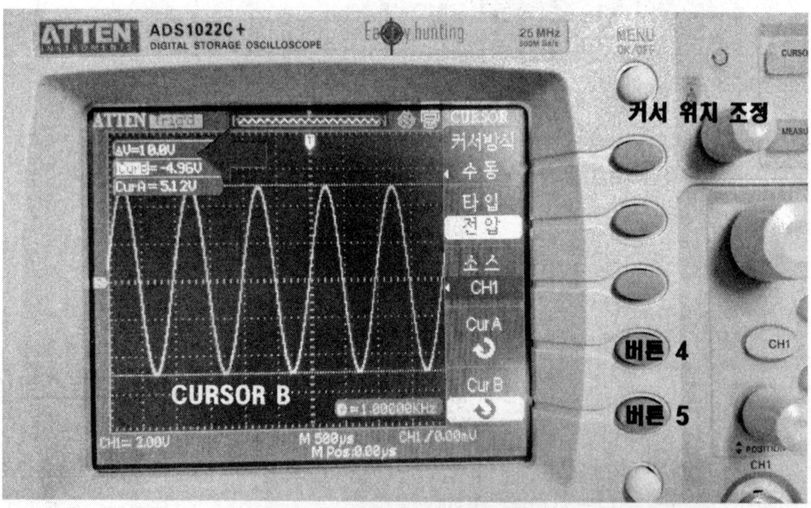

[그림 14.12] 커서를 이용한 전압 읽기 4

5. 주기와 주파수 읽기

오실로스코프에서 x축이 시간이므로 시간 라인 커서를 이용하면 두 지점 사이의 시간 차이를 읽을 수 있다.

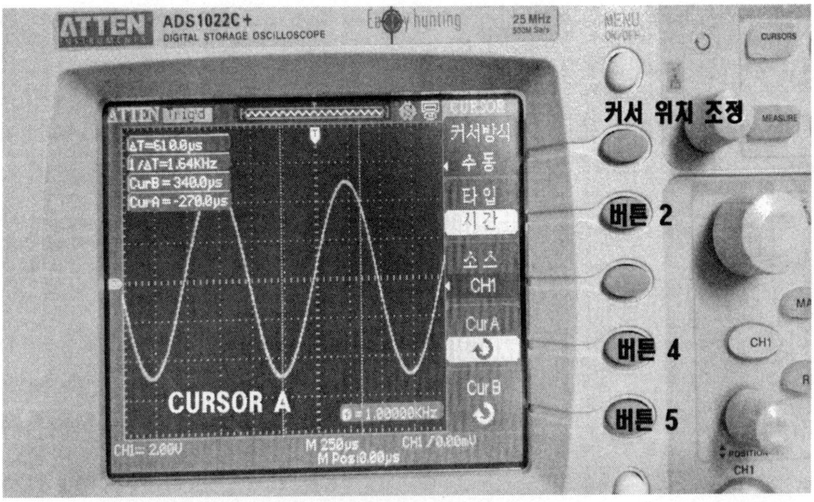

[그림 14.13] 커서를 이용한 시간 읽기 1

전압 측정과 같이 커서 [그림 14.7]의 버튼을 누르고 [그림 14.13]의 버튼 2로 시간을 선택한다. [그림 14.13] 버튼 4를 눌러서 커서 A를 선택하고 커서 위치 조정 손잡이를 돌려서 측정을 원하는 위치에 커서를 놓는다.

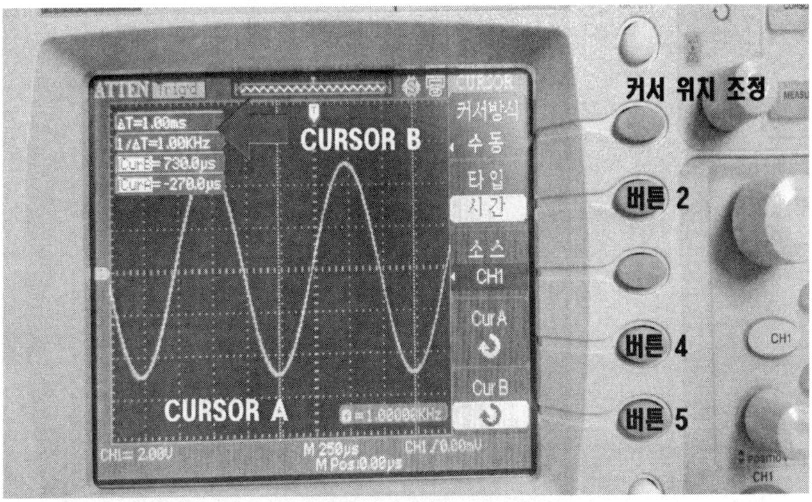

[그림 14.14] 커서를 이용한 시간 읽기 2

[그림 14.14]에 버튼 5를 누르고 커서 B를 선택하고 커서 위치 조정 손잡이를 돌려서 측정을 원하는 위치에 커서 B를 놓는다.

[그림 14.14]에 화살표 왼쪽 박스에 커서 A와 B 사이의 시간 간격 ΔT와 이 시간 간격의 역수로부터 구한 주파수가 표시되어 있다.

6. 함수발생기 사용법

함수발생기는 특정 주파수를 지닌 특정한 모양의 파동을 전기적 신호로 만들어주는 장치다. 주파수는 보통 10 Hz에서 1 GHz 정도까지 조정할 수 있고 진폭은 피크-피크 전압이 0~30 V까지 조정할 수 있다. 파형은 사인파, 구형파, 톱니파 사다리파 등을 선택할 수 있다.

[그림 14.15]는 함수발생기에서 주파수는 1 kHz, 피크-피크 전압은 2 V로 사인파를 출력하도록 조정한 사진이다.

[그림 14.15]의 출력을 오실로스코프에 연결하면 [그림 14.15(a)]와 같은 파형을 볼 수 있다.

[그림 14.15]에서 전원을 켜고 조절 손잡이를 돌리면 주파수를 조정할 수 있고(화살표는 자릿수 위치 선택) 아래 PARM 버튼을 누르면 진폭(AMPL)-오프셋(Offs)-듀티(Duty)-위상(Phase) 순서로 선택해서 조정할 수 있다.

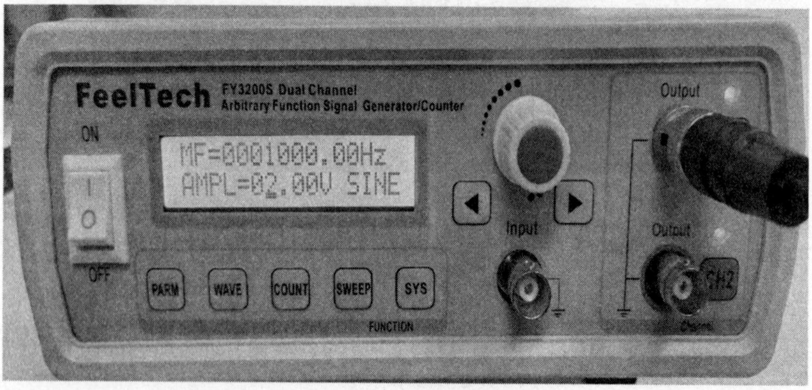

[그림 14.15] 함수발생기

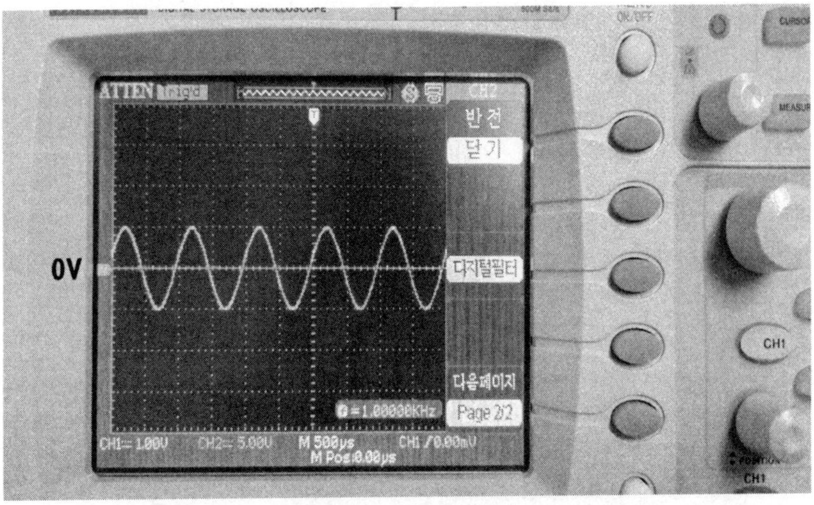

[그림 14.15(a)] 그림 14.15의 출력 파형

WAVE 버튼은 처음에 사인파(SINE) - 구형파(SQUR) - 펄스(Puls) - 삼각파(TRGL) - 톱니파(STW) - 반대방향 톱니파(NSTW) - 직류(DC) - 임의의 모양 지정1(PRE1) - ... 순서로 선택할 수 있다.

조절 손잡이를 돌려도 선택을 바꿀 수 있다. 그 밖에 여러 기능이 있다. 자세한 것은 설명서를 참고하기 바란다.

7. 오프셋(Offset)

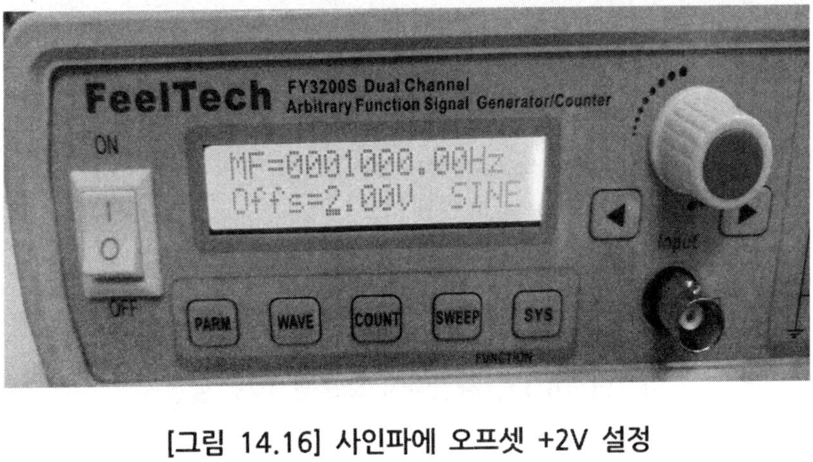

[그림 14.16] 사인파에 오프셋 +2V 설정

오프셋은 파형 신호에 DC 전압을 더한 것으로 더한 DC 전압값을 오프셋이라 한다. [그림 14.16]에 1kHz, 2Vpp, 사인파에 +2V 오프셋을 주도록 함수발생기를 설정했고 출력 파형은 [그림 14.16(a)]에 있다.

오프셋을 주지 않았을 때 파형은 [그림 14.15(a)]와 같이 0V를 기준으로 +1V, -1V 진폭을 갖는 파형이다. 여기에 +2V 오프셋을 주니 2V를 기준으로 +1V, -1V 진폭을 갖는 파형이 되어 파동은 1V에서 3V까지 진동한다.

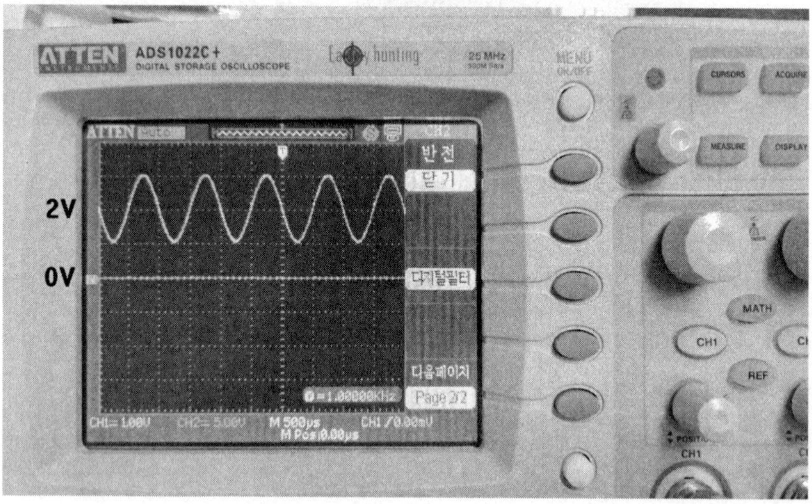

[그림 14.16(a)] 그림 14.16의 출력 파형

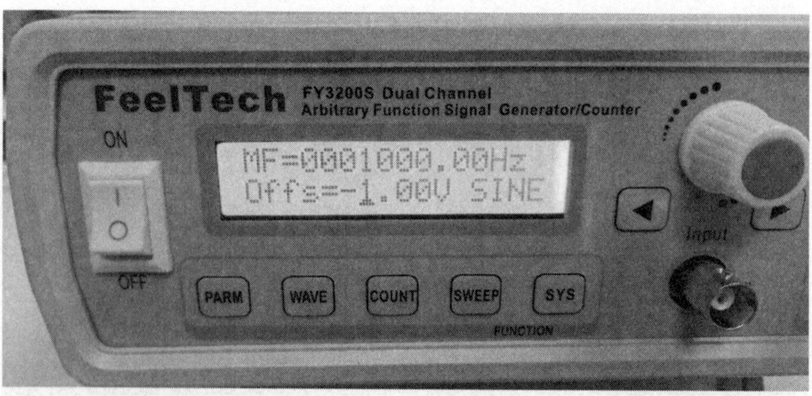

[그림 14.17] 사인파에 오프셋 +2V 설정

[그림 14.17]은 [그림 14.15(a)]와 같은 파형에 －1V 오프셋을 걸어 준 것이다. [그림 14.17(a)]와 같이 －1V를 기준으로 0V에서 －2V까지 진동한다.

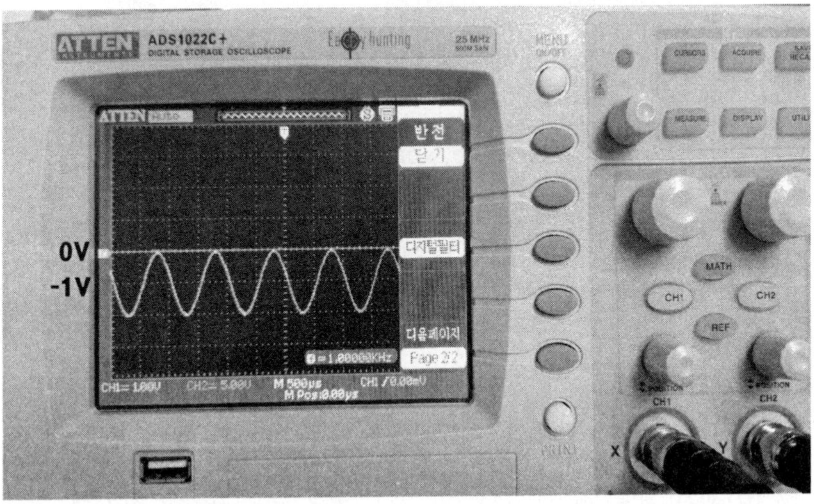

[그림 14.17(a)] 그림 14.17의 출력 파형

8. 듀티(Duty)

듀티는 구형파에서 파형의 －Vp를 0V로 잡았을 때 한 주기 내에서 On 되어있는 시간을 %로 나타낸 것이다.

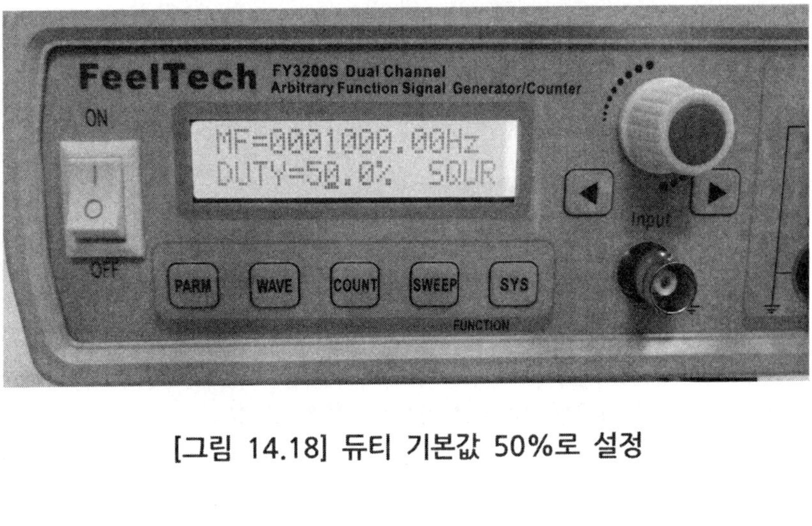

[그림 14.18] 듀티 기본값 50%로 설정

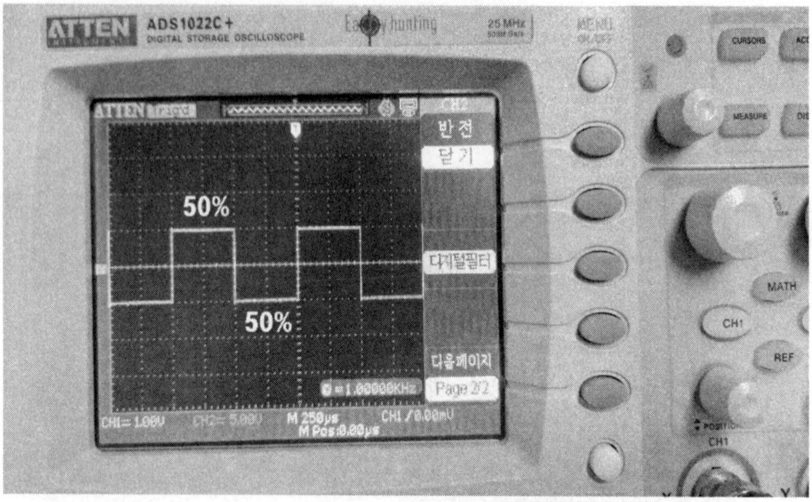

[그림 14.18(a)] 그림 18의 출력 파형

[그림 14.18]에서 보통 함수발생기의 듀티 기본값인 50%로 설정된 상태를 보여준다. 숫자의 자리 위치 조정 버튼과 조절 손잡이를 사용해서 값을 조정하면 된다.

[그림 14.18(a)]는 [그림 14.18]로 설정된 함수발생기의 출력 파형을 오실로스코프로 보여준 것이다.

[그림 14.19]는 듀티를 25%로 설정한 사진이고 그 결과 파형은 [그림 14.19(a)]에 있다. On 상태가 전체 주기의 25%에 해당하고 Off인 상태가 전체의 75%이다.

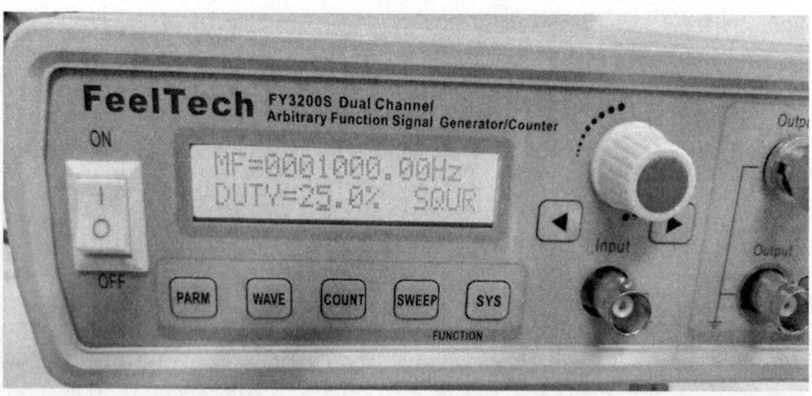

[그림 14.19] 듀티를 25%로 설정

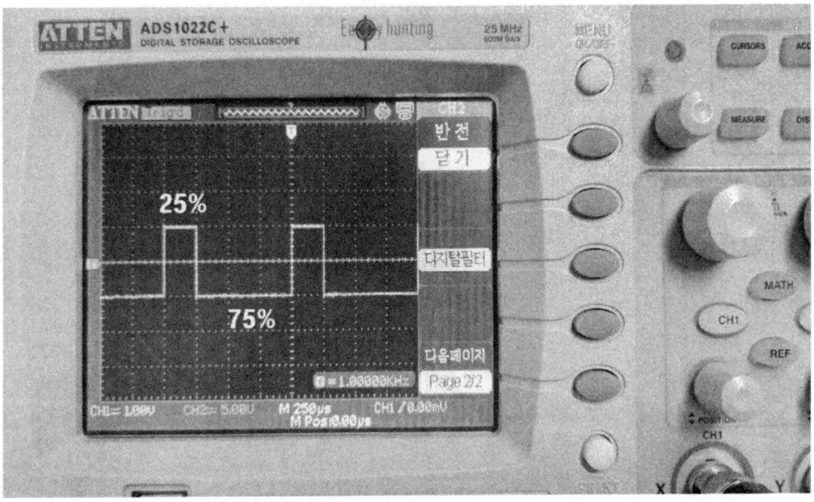

[그림 14.19(a)] 그림 14.19의 출력 파형

[그림 14.20]은 듀티를 75%로 설정한 사진이고 그 결과 파형은 [그림 14.20(a)]에 있다. On 상태가 전체 주기의 75%에 해당하고 Off인 상태가 전체의 25%이다.

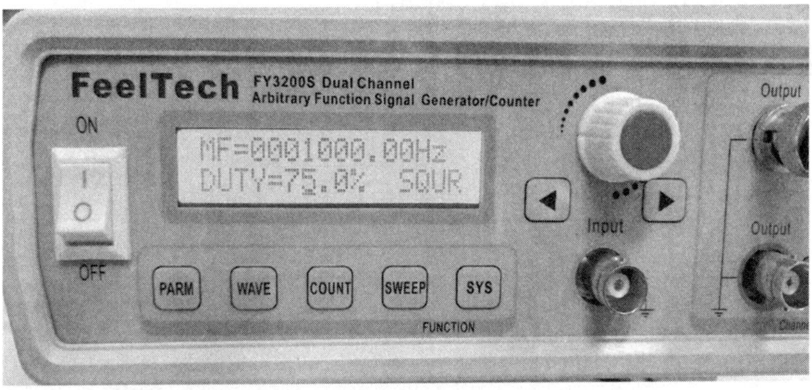

[그림 14.20] 듀티를 75%로 설정

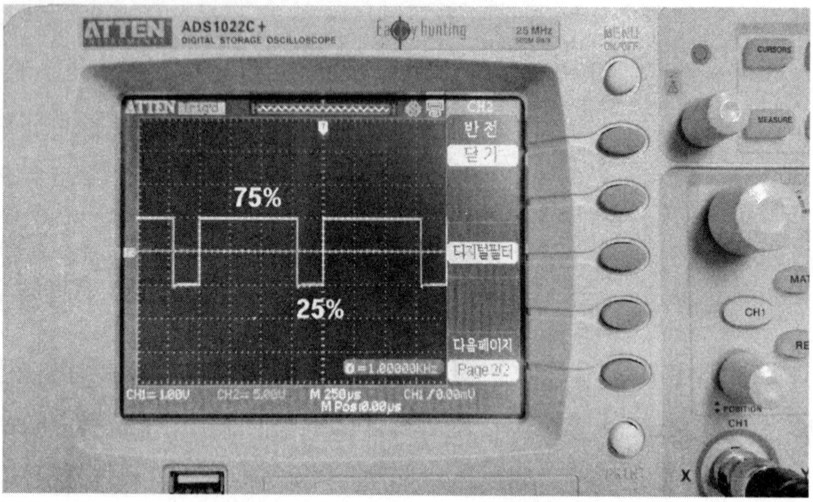

[그림 14.20(a)] 그림 14.20의 출력 파형

9. 위상(Phase)

파동에서 위상은 두 개 이상의 파동을 비교할 때 필요하다. 파동의 시작 위치가 얼마만큼 차이가 나는지를 알 수 있는 값이다.

위상을 비교하려면 두 개 파동이 필요해서 함수발생기 두 개의 출력을 모두 사용했다. 두 개의 파동 모두 같은 주파수, 같은 피크 전압을 사용한다.

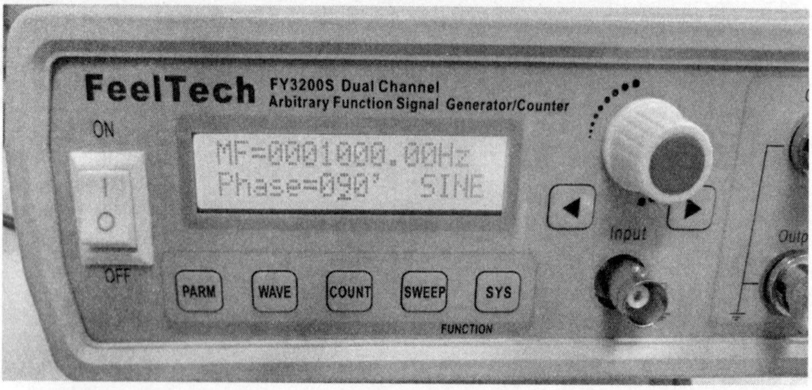

[그림 14.21] 두번째 파동의 위상을 90도로 설정

하나는 기준 신호로 위상을 0으로 설정해서 오실로스코프의 CH2에 넣고 다른 하나는 위상을 다르게 설정해서 오실로스코프 CH1에 넣었다.

[그림 14.21(a)]에서 파란색 파동이 기준 신호이고 노란색 파동이 위상이 90도 늦은 파동이다.

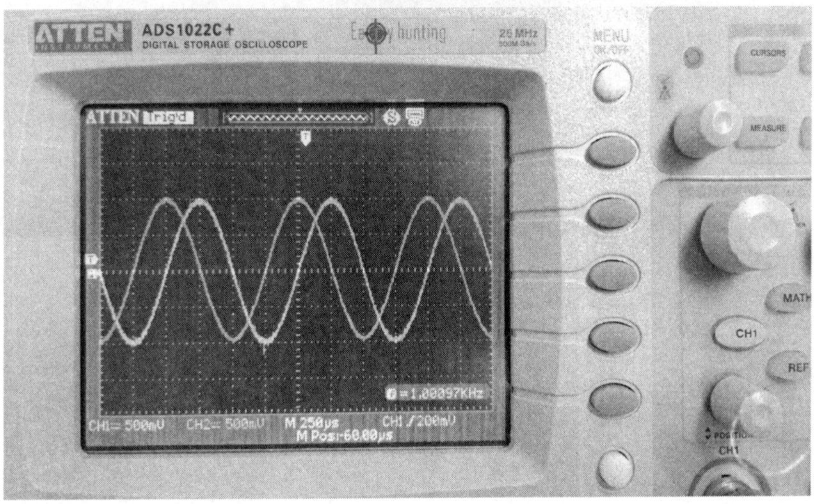

[그림 14.21(a)] 그림 14.21의 출력 파형

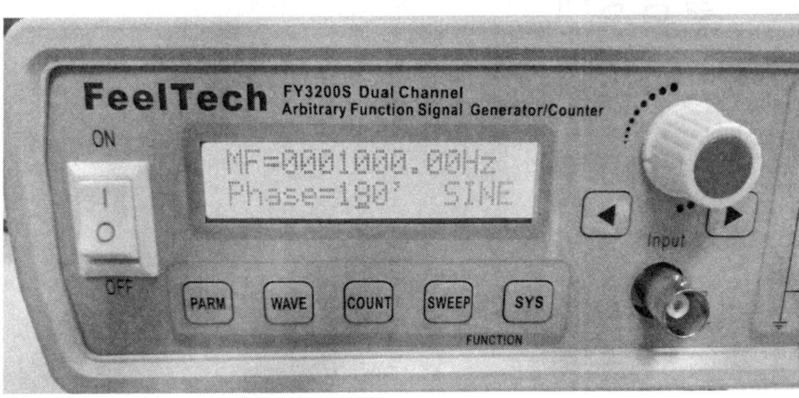

[그림 14.22] 두번째 파동의 위상을 180도로 설정

[그림 14.22(a)]는 위상이 180도 차이나는 두 파동의 모습이다.

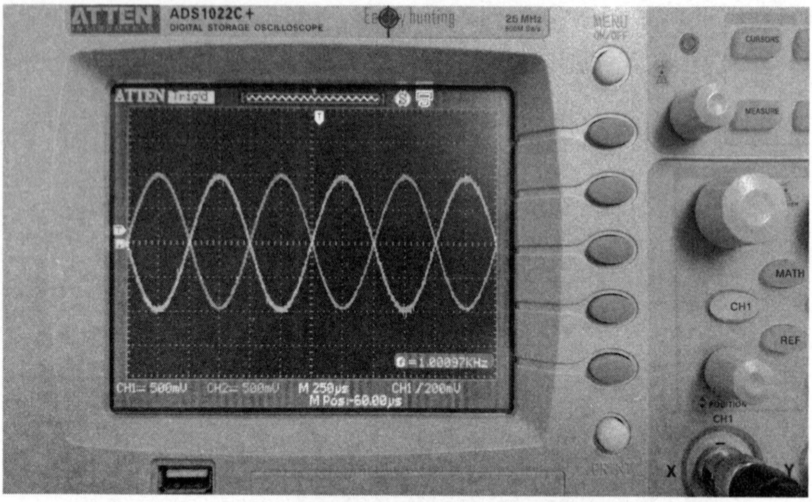

[그림 14.22(a)] 그림 14.22의 출력 파형

14-3 실험장치

① 오실로스코프

② 함수발생기

③ 브레드보드

④ 저항 : 10kΩ, 1kΩ, 2kΩ, 4.7kΩ, 10kΩ, 20kΩ, 47kΩ

14-4 실험방법

1. 파형 관찰과 전압 측정

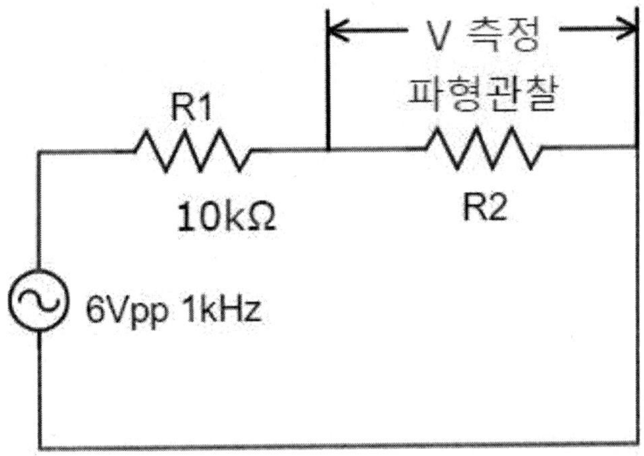

[그림 14.23] 오실로스코프 사용법을 위한 회로

① [그림 14.23]와 같이 회로를 브레드보드에 연결한다. R2는 처음에 1 kΩ을 연결하고 측정이 끝나면 다른 저항으로 바꾸어 측정한다. 함수 발생기를 오실로스코프에 연결하여 출력신호를 사이파, 피크 - 피크 전압이 6 V, 그리고 주파수가 1 kHz가 되도록 조정한다.

② 디지털 오실로스코프는 AUTO 스위치를 누르면 자동으로 신호 잡아서 보여주고 신호의 정보도 스크린에 표시한다.

③ 오실로스코프를 함수 발생기에서 분리하고 함수 발생기를 회로에 연결한다. 저항 R2에 걸리는 전압 Vp-p를 측정하기 위해 오실로스코프를 저항 R2 양단에 [그림 14.23] 같이 연결한다. 오실로스코프로 파형의 피크 - 피크 전압을 측정하고 파형의 사진을 찍어 결과에 넣는다.

측정이 끝나면 저항 R2를 차례로 2 kΩ, 4.7 kΩ, 10 kΩ, 20 kΩ, 47 kΩ 로 바꾸면서 저항값이 다른 R2에 걸리는 피크 - 피크 전압을 측정하고 파형 사진을 찍어 결과에 넣는다.

2. 파형 관찰과 주파수 측정

④ 함수 발생기 출력을 오실로스코프 입력에 연결한다.

⑤ 함수 발생기 파형을 사인파, 피크 - 피크 전압을 6 V 로 설정한다.

⑥ 함수 발생기 파형 주파수를 500 Hz, 1 kHz, 2 kHz, 10 kHz, 100 kHz로 바꾸면서 파형 사진을 찍고 시간 축의 Time / Div 를 읽고 주기를 계산하고 주파수를 계산해서 표에 기록한다.

예비보고서

실험제목 : 디지털 오실로스코프와 함수 발생기 사용법

<table>
<tr><td>실험일시</td><td></td><td>학 과</td><td></td><td>담당교수</td><td></td></tr>
<tr><td rowspan="2">제출자</td><td>학 번</td><td>이 름</td><td>실 험 조</td><td colspan="2">공동실험자</td></tr>
<tr><td></td><td></td><td></td><td colspan="2"></td></tr>
</table>

1. 실험의 목적과 개요

2. 실험의 원리

3. 실험장치

4. 실험방법

결과보고서

실험제목 : 디지털 오실로스코프와 함수 발생기 사용법

실험일시		학 과		담당교수	
제출자	학 번	이 름	실 험 조	공동실험자	

1. 실험 결과 및 분석

1) 파형 관찰과 전압 측정

R_2 $(k\Omega)$	V_{p-p} 계산 (V)	V_{rms} 계산 (V)	오실로스코프			
			V_{p-p} 측정 (V)	오차 (%)	V_{rms} 계산 (V)	오차 (%)
1						
2						
4.7						
10						
20						
47						
전체						

① 파형 사진을 찍어서 첨부

② 전압 계산을 어떤 값으로 어떻게 했는지 설명

2) 파형 관찰과 주파수 측정

	500Hz	1kHz	2kHz	10kHz	100kHz
Time/Div					
주기(칸)					
주기(시간)					
주파수					

① 파형 사진을 찍어서 첨부

② 주기와 주파수 계산을 어떤 값으로 어떻게 했는지 설명

2. 토의 및 결론

Chapter

15 축전기 충전과 방전 실험

15-1 실험의 목적과 개요

축전기 충전과 방전 회로에서 시상수가 무엇을 의미하는지 이해하고, 회로에서 시상수를 측정하고 계산한 값과 비교한다.

15-2 원 리

1. 축전기와 전기용량

축전지는 회로 안에 전기를 저장하는 매우 작은 전지다. 축전기의 규격은 축전기에 전기를 저장하는 양과 축전기에 걸어줄 수 있는 전압으로 정하며, 축전기에 저장할 수 있는 전기의 양을 전기용량이라 한다.

축전기에서 전기용량은 다음과 같이 정의된다.

$$C = \frac{Q}{V}$$

축전지 회로 안의 전기용량 C는 축전기에 저장하는 전기량으로 단위 전압당 축전기 내의 전하량으로 나타낸다. 전기용량 C의 단위는 패럿(F, Farad)이고 이것은 쿨롱/볼트로 정의된다.

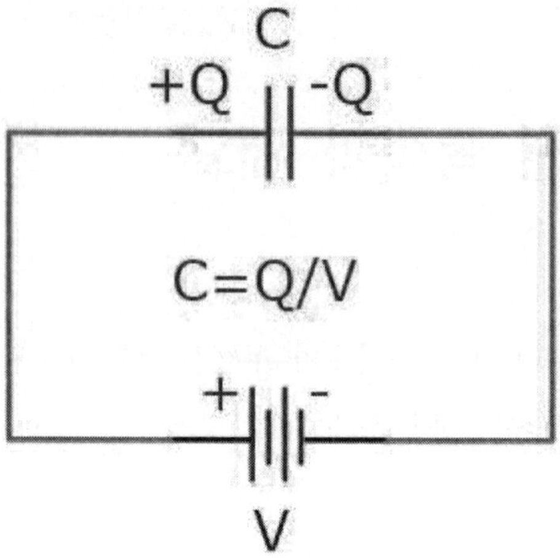

[그림 15.1] 축전기와 전기용량

패럿은 매우 큰 값으로 일반적으로 전기회로에 사용하는 축전지 단위는 마이크로 패럿이나 피코 패럿을 사용한다.

실제 전기회로에 사용하는 축전지는 [그림 15.2]와 같다.

[그림 15.2] 축전기

2. 축전기 충전

[그림 15.3]은 축전지의 충전과정을 설명한 그림이다.

축전지에 충전된 전하가 없는 완전 방전 상태에서 스위치를 ON하면 전류가 저항을 지나 축전지로 들어가서 축전지에 전하가 쌓이게 된다. 축전지에 전하가 쌓이면 축전지 전압이 올라가고 축전지 전압이 공급하는 전원전압과 같아지면 더이상 전류가 흐르지 못한다. 이 상태가 완전 충전 상태이다.

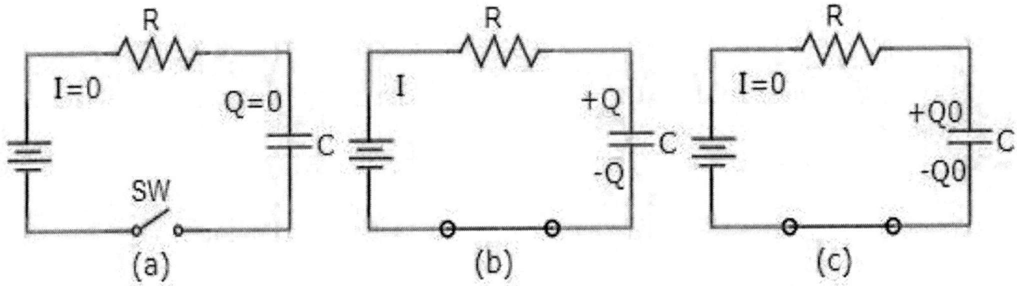

[그림 15.3] 축전기 충전

축전기의 전하량, 전압, 정전용량의 관계는 Q=CV이다.

$$Q(t) = CV_0(1 - e^{-\frac{t}{RC}})$$

축전기에 걸리는 전압은 충전된 전하량에 따라 변하며 전압은 다음과 같다.

$$V(t) = V_0(1 - e^{-\frac{t}{RC}})$$

이때 회로에 흐르는 전류는 다음과 같다.

$$i = i_0 e^{-\frac{t}{RC}}$$

축전기의 충전과정은 시간에 따른 축전기에 걸린 전압과 전류의 변화로 알 수 있고, [그림 15.4]에 그래프로 표시했다.

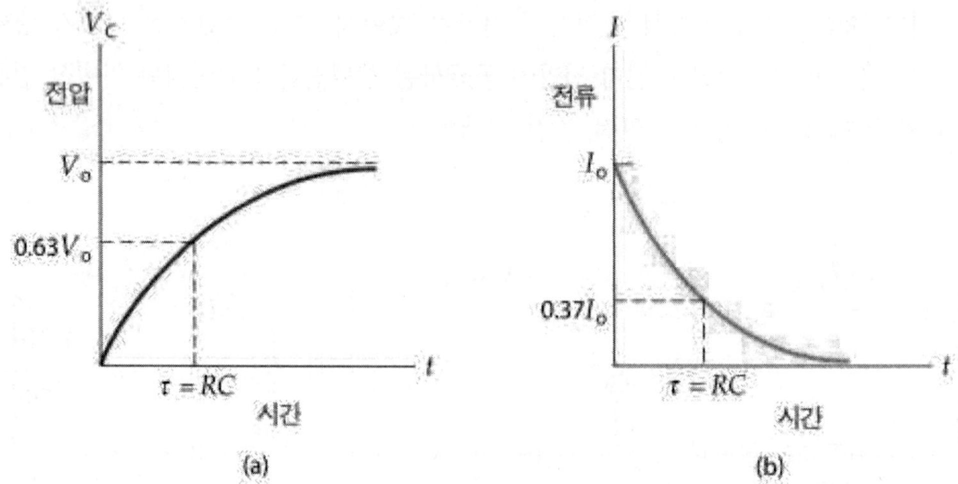

[그림 15.4] 축전기 충전 (a) 전압 (b) 전류

충전과 방전회로에서 시상수는 저항과 축전지의 전기용량을 곱한 값으로 시상수는 시간의 단위를 갖는다.

$$RC = \frac{V}{I}\frac{Q}{V} = \frac{Q}{I} = \frac{[C]}{\frac{[C]}{[S]}} = [s]$$

충전시 시상수는 전기용량 전체의 63%가 충전될 때까지 소요된 시간이다. 시상수의 2배 시간이 되었을 때 86% 충전, 시상수 3배 시간이 지나면 95% 충전이 되며, 시상수의 5배 시간이 지났을 때 99% 충전 상태가 된다. 따라서 시상수는 충전시간에 따른 충전 정도를 알 수 있는 기준이 된다.

3. 축전기 방전

축전기 방전은 축전기가 전원으로 사용되어 축전지에서 전류가 나오는 경우로 [그림 15.5]와 같이 축전지에서 자항을 통해 전류가 흐르게 된다.

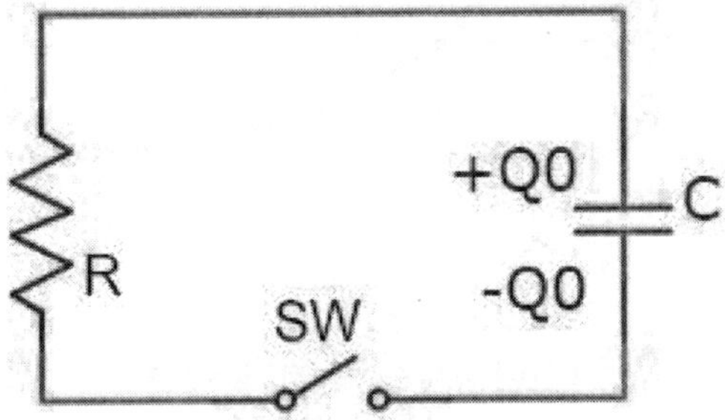

[그림 15.5] 축전기 방전 회로

축전기 방전시 축전기 전압의 변화를 식으로 쓰면 다음과 같다.

$$V = V_0 e^{-\frac{t}{RC}}$$

전류도 다음과 같이 쓸 수 있다.

$$i = \frac{dQ}{dt} = -\frac{Q_0}{RC} e^{-\frac{t}{RC}}$$

축전기 방전에서 시상수는 시간에 따라 축전기에 남아있는 전기량을 알 수 있는 중요한 기준이다. 완전 충전 상태에서 방전이 시작된 후 시상수 시간이 지나면 축전기에는 37%정도 전기량이 남게 된다. 시상수의 2배 시간이 지나면 전기량이 14% 남게 되고, 3배 시간이 지나면 5%, 그리고 시상수 시간의 5배가 지나면 전기량이 0.7%만 남게 된다. 이것을 [그림 15.6]에 나타냈다.

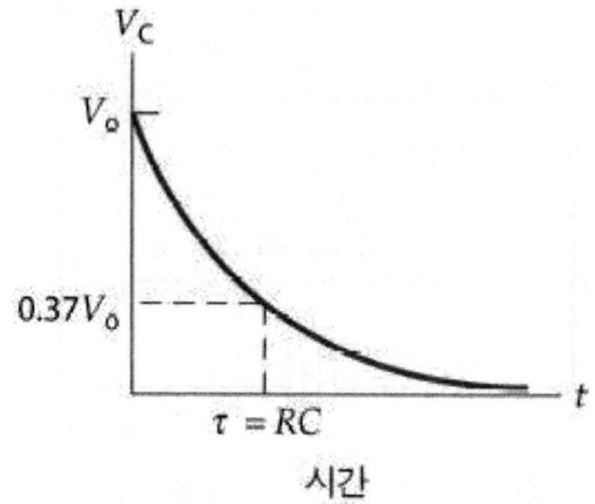

[그림 15.6] 축전기 방전

15-3 실험장치

① ATMEGA328P 마이크로 컨트롤러 (Arduino UNO)

② PC

③ 브레드보드

④ 콘덴서 100 μF 16V, 220 μF 16V

⑤ 저항 10kΩ, 1kΩ

15-4 실험방법

1. 충전 실험

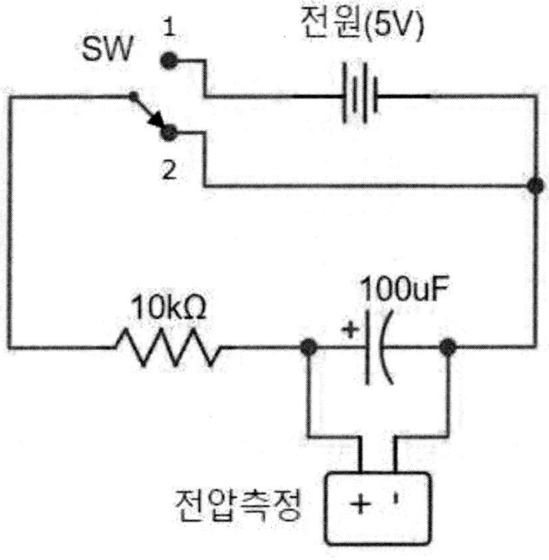

[그림 15.7] 충전 실험 회로

충전 실험을 위한 축전기 회로는 [그림 15.7]과 같다. ATMEGA328P 마이크로 컨트롤러를 이용해서 일정 시간 간격으로 전압을 읽는 장치를 만들어서 실험한다. ATMEGA328에 내장된 AD 컨버터를 이용해서 전압을 디지털 숫자로 바꾸어 시간과 함께 기록한다. [그림 15.7]에 전압 측정 부분에 마이크로 컨트롤러 AD 컨버터 입력과 연결해서 전압을 읽는다.

마이크로 컨트롤러도 5V 전원을 같이 사용하고 AREF는 측정 기준 전압을 넣어주는 단자로 측정전압을 0V에서 AREF 단자의 기준 전압까지 1024단계로 표시한다. 이 경우는 1024가 5V이다.

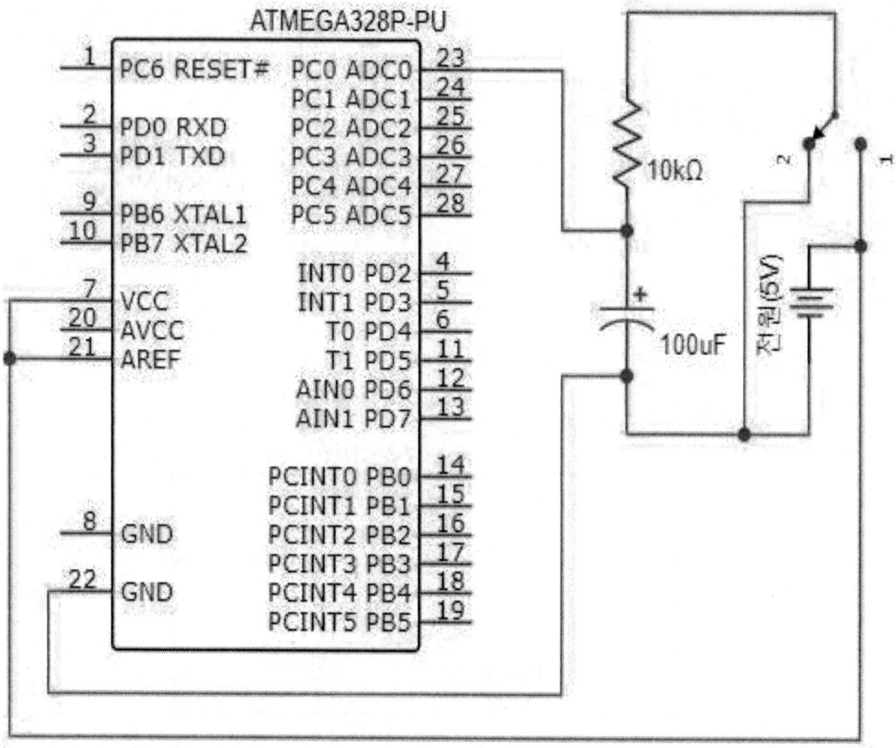

[그림 15.8] 마이크로 컨트롤러를 연결한 충전 실험 전체 회로

시간에 따른 전압의 변화를 측정해야 하는데 일정 시간 간격으로 전압을 측정하기 위해서 내부 타이머 인터럽트를 사용해서 일정한 시간 간격으로 전압을 측정한다.

ATMEGA328P 마이크로 컨트롤러에 들어가는 코어 프로그램은 [그림 15.9]에 있다. 이 프로그램은 10ms 간격으로 전압을 읽고 시리얼 포트를 통해서 PC에 전송하게 되어있다. 측정은 정확하게 0.01초 간격으로 일어난다. 디지털 포트 3번에 측정하는 동안 5V를 보내고 기다리는 동안은 0V를 보낸다. 따라서 여기에 오실로스코프를 연결하면 측정 시간 간격을 확인할 수 있다.

측정 시간 간격은 프로그램의 MsTimer2::set(10, readVoltage);에서 10을 20으로 바꾸면 측정 간격이 20ms로 늘어난다. 이 값을 조정해서 넣으면 측정 시간 간격을 조정할 수 있다.

```
#include <MsTimer2.h>

int voltage = 0;
int channel = 0;
String inString = "";
int cmd = 1;
int pOut = 3;

void setup() {
 MsTimer2::set(10, readVoltage); // 10ms period
 MsTimer2::start();
 Serial.begin(57600);
}

void loop() {

}

ISR(TIMER1_COMPA_vect){

  readVoltage();
}

void readVoltage()
{
   digitalWrite(pOut, HIGH);
    voltage=analogRead(channel);
    Serial.print(voltage>>8);
    Serial.print("\r\n");
    Serial.print(voltage%256);
    Serial.print("\r\n");
    digitalWrite(pOut, LOW);
}
```

[그림 15.9] 마이크로 컨트롤러 코어 프로그램

```
using System;
using System.IO;
using System.Collections.Generic;
using System.ComponentModel;
using System.Data;
using System.Drawing;
using System.Linq;
using System.Text;
using System.Threading.Tasks;
using System.Windows.Forms;
using System.IO.Ports;
using System.Threading;

namespace Voltmeter
{
    public partial class Form1 : Form
    {
        Thread rV_Thread;
        delegate void SetTextCallback(string text);

        double voltage = 0.00;
        double v1;
        float fullscale = 5;
        int data0, data1;
        string voltString;
        Boolean runa = true;
        string path = @"D:\_Data\";
        int cnt = 0;
        string ss = "";
        FileStream fs;
        StreamWriter tw;
        private void SetText(string text)
        {
            if (this.tbVolt.InvokeRequired)
            {
                SetTextCallback d = new SetTextCallback(SetText);
                this.Invoke(d, new object[] { text });
            }
            else
            {
                this.tbVolt.Text = text;
            }
        }
```

```
public Form1()
{
    InitializeComponent();
    getAvailablePorts();

}

void getAvailablePorts()
{
    String[] ports = SerialPort.GetPortNames();
    cbPort.Items.AddRange(ports);
}

public void readVoltage()
{
    while (runa)
    {
        try {

            data0 = Convert.ToInt32(serialPort1.ReadLine());
            data1 = Convert.ToInt32(serialPort1.ReadLine());
            v1 = (data0 * 256.0 + data1) / 1024.0 * fullscale;
            voltage = Math.Round(v1, 2);
            voltString = String.Format("{0:0.00}", voltage);
            //tbVolt.Text = voltage.ToString();

            double d = cnt / 100.0;
            tw.WriteLine(d + ", " + voltString);
            SetText(voltString);
            cnt++;
            //Task.Delay(900);
        } catch
        {

        }
    }
}

private void btStart_Click(object sender, EventArgs e)
{
    runa = true;
    string sn = path + "voltage.txt";
    fs = new FileStream(sn, FileMode.Append, FileAccess.Write);
    tw = new StreamWriter(fs);
    cnt = 0;
    try
    {
        if ((cbPort.Text == "" || cbBaud.Text == ""))
        {
            tbMessage.Text = "Please select port settings";
        }
        else if (serialPort1.IsOpen)
        {
            rV_Thread = new Thread(new ThreadStart(readVoltage));
            //ThreadStart rV = new ThreadStart(readVoltage);
            //rV_Thread = new Thread(rV);
```

```
                //rV_Thread = new Thread(rV);
                rV_Thread.Start();
                //readVoltage();
            }
            else
            {
                serialPort1.PortName = cbPort.Text;
                serialPort1.BaudRate = Convert.ToInt32(cbBaud.Text);
                serialPort1.Open();
                rV_Thread = new Thread(new ThreadStart(readVoltage));
                rV_Thread.Start();
            }
        }
        catch (Exception ex)
        {
            tbMessage.Text = "Unauthorized Access     " + ex.Message;
        }
    }

    private void cbPort_SelectedIndexChanged(object sender, EventArgs e)
    {
        tbMessage.Text = "Port Selected";
    }

    private void cbBaud_SelectedIndexChanged(object sender, EventArgs e)
    {
        tbMessage.Text = "Baud Selected";
    }

    private void btStop_Click(object sender, EventArgs e)
    {
        tw.Close();
        runa = false;
        //serialPort1.WriteLine("0");
        rV_Thread.Abort();
        serialPort1.Close();
        Application.Exit();
    }
  }
}
```

[그림 15.10] 마이크로 컨트롤러에서 데이터를 읽기 위한 PC용 프로그램

[그림 15.10]에 마이크로 컨트롤러에서 데이터를 읽기 위한 PC용 프로그램 소스 코드가 있다. 읽은 데이터는 0에서 1024로 표시되며 이 값을 기준 전압값과 비교해서 바꾸어 주어야 한다. 프로그램을 실행시키면 [그림 15.11] 과 같은 창이 열리고 Port 번호와 전송속도 (Baud Rate)를 설정하고 START 버튼을 누르면 데이터를 받아들여서 파일 이름이 voltage.txt로 저장된다. 저장된 데이터를 엑셀에서 읽어서 데이터 분석을 하면 된다.

2. 실험 준비

1) 회로 연결

① 마이크로 컨트롤러를 USB 포트를 통해서 연결한다.

② 마이크로 컨트롤러에 코어 프로그램을 넣는다.

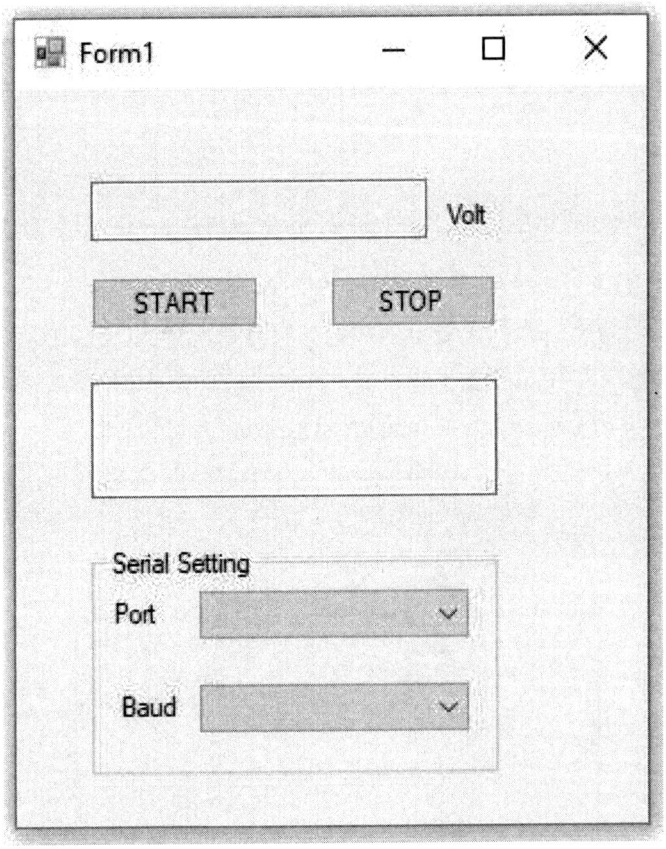

[그림 15.11] PC용 프로그램 실행화면

3. 충전 실험

① 콘덴서가 완전히 방전되었는가를 확인한다. 측정을 시작했을 때 전입이 0이 아닌 어떤 값에서 시작한다면 방전이 완전히 되지 않은 상태다.

② 마이크로 컨트롤러에 전원을 넣고 PC용 프로그램을 실행시킨다.

③ Port와 Baud를 세팅 후 START 버튼을 눌러 측정을 시작한다.

④ 0V로 전압을 읽어오면 3초 정도 0점 데이터를 일어들인 후에 SW를 1로 연결한다.

⑤ SW 연결 후 1분 정도 측정하고 STOP 버튼을 눌러 측정을 멈춘다. 측정을 멈추면 자동으로 데이터는 voltage.txt에 저장되므로 파일이름을 적당한 것으로 바꾼다.

4. 방전 실험

방전 실험을 위한 회로도는 [그림 15.12]에 있고 마이크로 컨트롤러를 연결한 충전 실험 전체 회로는 [그림 15.13]에 있다.

회로는 충전과 방전 실험은 같고 스위치 위치만 다르다.

충전 실험은 스위치가 GND에 연결된 상태에서 측정 시작 후에 전원으로 연결하는 것이고 방전은 스위치를 전원에 연결된 상태에서 측정 시작 후 GND로 연결한다.

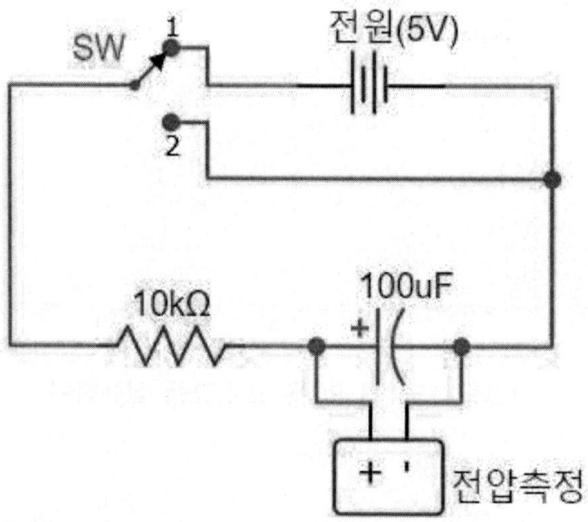

[그림 15.12] 방전 실험 회로

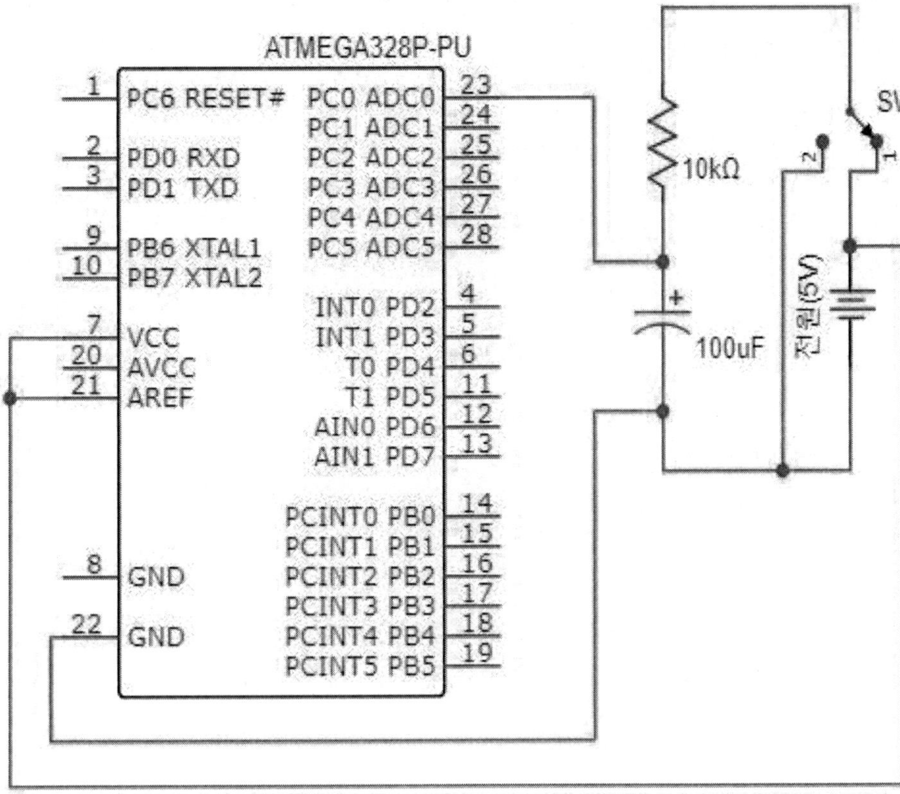

[그림 15.13] 마이크로 컨트롤러를 연결한 방전 실험 전체 회로

5. 실험 방법

① 콘덴서가 완전히 충전되었는가를 확인한다. 측정을 시작했을 때 전압이 5V가 아닌 어떤 값에서 시작한다면 방전이 완전히 되지 않은 상태다.

② 마이크로 컨트롤러에 전원을 넣고 PC용 프로그램을 실행시킨다. (충전 실험 후 바로 연결해서 방전 실험을 한다면 이 부분은 이미 실행상태다.)

③ Port와 Baud를 세팅 후 START 버튼을 눌러 측정을 시작한다.

④ 5V로 전압을 읽어오면 3초 정도 0점 데이터를 일어들인 후에 SW를 2로 연결한다.

⑤ SW 연결 후 1분 정도 측정하고 STOP 버튼을 눌러 측정을 멈춘다. 측정을 멈추면 자동으로 데이터는 voltage.txt에 저장되므로 파일 이름을 적당한 것으로 바꾼다.

⑥ 충전과 방전 실험을 5회 반복한다.

예비보고서

실험제목 : 축전기 충전과 방전 실험

<table>
<tr><td>실험일시</td><td></td><td>학 과</td><td></td><td>담당교수</td><td></td></tr>
<tr><td rowspan="2">제출자</td><td>학 번</td><td>이 름</td><td>실 험 조</td><td colspan="2">공동실험자</td></tr>
<tr><td></td><td></td><td></td><td colspan="2"></td></tr>
</table>

1. 실험의 목적과 개요

2. 실험의 원리

3. 실험장치

4. 실험방법

결과보고서

실험제목 : 실험제목 : 축전기 충전과 방전 실험

실험일시		학 과		담당교수	
제출자	학 번	이 름	실 험 조	공동실험자	

1. 실험 결과 및 분석

1) 충전 실험

① 0V에서 전압이 커지는 위치를 찾아 전압이 커지는 바로 앞 데이터 시간을 0초로 기준을 잡고 0초 이전 데이터는 모두 버리고 시간을 보정한다. 이렇게 시간이 보정된 데이터로 시간에 따른 전압의 변화를 그래프로 그려라.

② 보정된 데이터에서 시상수 배수에 해당하는 전압에 도달한 시간을 찾아 다음 〈표 15.1〉에 기록한다.

〈표 15.1〉 시상수

시상수 배수	충전율(%)	전압(V)	시간(s)
1	63		
2	86		
3	95		
4	98.2		
5	99.3		

③ 〈표 1〉을 그래프로 그리고 추세선을 구한다. x축 - 시상수 배수, y축 - 시간, 추세선을 구할 때 절편 0을 사용한다.

④ 〈표 2〉와 같이 보정된 실험 데이터를 G, H 행에 넣고 I 행에 식 = 5*(1 - EXP(- G2/K2)) 을 I2 셀에 넣고 이 셀을 세로로 데이터가 있는 행 번호까지 I 열 아래로 복사한다. 식에서 K2는 셀 값을 I 열 아래로 복사하더라도 고정된 K2 셀값으로 계산하기 위한 고정셀 지정방법이다.

〈표 15.2〉 계 산

G	H	I	J	K
시간 (s)	실험값 (V)	계산값 (V)	편차제곱	RC
0	0.014	0	0.000196	2.2
0.05	0.072	0.11234871	0.001628018	0.036837
0.1	0.187	0.222172973	0.001237138	
0.15	0.299	0.329529514	0.000932051	

⑤ K2 셀에는 우리가 찾으려는 시상수를 넣으면 I 열은 자동 계산된다. J 열은 편차 제곱으로 실험값과 계산 값 차이를 제곱해서 넣는다. J2 셀에 식 = (H2 - I2)^2 을 넣고 J 열 아래로 복사한다.

⑥ 이렇게 준비가 되면 K2 셀에 시상수 값을 변화시키면서 K3 셀의 편차 제곱의 전체 합이 작아지는 방향으로 시상수를 변화시켜서 시상수를 구한다.

⑦ 이때 G, H, I 열을 그래프로 그리면 시상수 변화에 따라 그래프가 어떻게 변하는지 두 그래프 차이가 얼마나 나는지 바로 확인할 수 있다. 두 그래프가 일치하면 정확한 시상수를 찾은 것이다.

⑧ 〈표 15.2〉를 이용해서 시간대 실험값과 계산값을 같은 그래프에 그리고 비교하라.

⑨ 이렇게 얻은 시상수와 앞에서 추세선의 기울기를 이용해서 얻은 시상수를 〈표 15.3〉에 기록하고 비교 평가한다.

⑩ 콘덴서 용량이 다른 경우도 같은 방법으로 분석하고 결과를 기록하라.

〈표 15.3〉 시상수 비교표

저항, 콘덴서	충전(시상수)		방전(시상수)	
이론값	기울기	커브핏	기울기	커브핏

2. 토의 및 결론

물리학실험

2022년 2월 5일 1판 1쇄 발행

저 자 염 효 영
발행인 남 승 우

발행처 도서출판 상尙 학學 당堂

서울특별시 동작구 사당로9가길 6
TEL : 02) 595-1692~4
FAX : 02) 595-1394
E-mail : namdoo6@unitel.co.kr

신고 : 2-155호 (1968. 11. 29)

정가 25,000원

ISBN 978-89-6587-221-4 93420